DR. MED. VET. ANNE POSTHOFF
UND PHILIP ALSEN

DAS ZUCHT BUCH

MIT KOSMOS MEHR ENTDECKEN

Wurfplanung
Geburt, Aufzucht
Vermittlung

SEIT 1822

SO GELINGT DAS ABENTEUER HUNDEZUCHT

KOSMOS

INHALT

ZUCHT – MEHR ALS EIN HOBBY

Schottland im Winter 1867. Mit versonnenem Blick steht Dudley Coutts, der Baron Tweedmouth of Eddington, am Rand eines moorigen Teichs seiner schottischen Ländereien. Gerade hat er mit einem gekonnten Flintenschuss eine Ente erlegt, nun sieht er seinem Retriever Nous zu, wie der zunächst das Ufer absucht, im Schilf Witterung bekommt, und sich dann freudig ins Wasser stürzt, um die Ente von einer im Teich gelegenen Insel zu bergen. „Guter Hund!", denkt Tweetmouth. „Schade nur, dass er so klobig ist." Wieso, fragt er sich, kann ein so guter Hund nicht auch elegant sein?
Diese Idee, dieser eine im Grunde kurze Gedanke, ließ Tweedmouth nicht mehr los: Drei Jahre später bekam er von seinem Neffen eine wunderhübsche Waterspaniel-Hündin namens Belle geschenkt, verpaarte die Hunde, kreuzte weitere Rassen ein … – und als er 1894 starb, vermachte er seinen Erben die Ländereien und das Vermögen, der Hundewelt hinterließ er die *Golden Retriever*. Sanftmütige Apportierhunde mit einem für die Jagd zwar vollkommen unnützen, aber sehr schönen Fell.

Szenenwechsel und Zeitsprung ins Jahr 1945. Mit einem lauten „Lassen Sie sofort den Hund los!" stürmte die Siegener Anwaltsgattin Ilse Schleifenbaum auf zwei Männer zu, die offenbar gerade einen streunenden Hund erschlagen wollten. Ob aus reiner Mordlust oder weil sie ihn essen wollten? Man weiß es nicht. Die Zeiten waren hart, es fehlte an allem. Doch Ilse Schleifenbaum hatte noch einen Platz in ihrem Herzen, entriss den Männern den strubbeligen Hund, nahm ihn mit nach Hause und nannte ihn Peter.
Woher Peter kam, wurde nie geklärt. Er sah angeblich aus wie ein französischer Griffon und man nimmt an, dass eine Gruppe GIs, amerikanische Soldaten, ihn als Maskottchen aus Frankreich mitgebracht hatten. Irgendwann aber hat er in der Nähe von Siegen wohl den Anschluss an seine Truppe verloren, streunte wochenlang herum, bis die resolute Frau ihn rettete.
Ilse Schleifenbaum liebte ihren Peter, und zu dieser Liebe kam (nach anfänglichem Ärger) Stolz, nachdem der an der läufigen Nachbarshündin Fiffi interessierte Rüde in einem unbeobachteten Moment über den Zaun sprang, Fiffi bestieg und elegant in die Zielgerade einbog.
Ein „Unfall", der Ilse Schleifenbaums Leben in dieser so arm an Liebe und Perspektive scheinenden Nachkriegswelt eine neue Richtung gab. Denn aus dieser im Grunde ungewollten Liebe fiel ein Wurf von sehr gleichmäßigen braun-weißen Welpen, die allesamt so entzückend waren, dass Ilse Schleifenbaum, bestärkt durch Nachbarin Schneider und einen Tierarzt, beschloss, aus Peter, Fiffi und ihren Nachkommen die Stammeltern einer neuen Rasse zu machen: *Kromfohrländer*.

Züchten ist Teamarbeit mit zwei Hunden.

Zwei Geschichten, die zeigen, wie eine Rasse auch entstehen kann. Denn egal ob Arbeits-, Gesellschafts-, Schutz- oder Jagdhunde, am Anfang steht immer eine Idee. Dann fängt ein Mensch mit einer Vision an, gewinnt andere, gemeinsam macht man sich auf den Weg, sucht Hundematerial, baut Zuchtlinien auf, zieht Welpen groß, wirbt Mitstreiter, gründet Vereine, stellt Anträge, besucht Ausstellungen, erntet Beifall und Missgunst, erleidet Rückschläge, freut sich über jedes Vorankommen, macht sich über jede Verpaarung Gedanken, prüft die Hunde auf Anlagen und Wesen, diskutiert und überzeugt Verbandsfunktionäre … – und erlebt, wenn alles gut läuft, nach durchschnittlich 30 Jahren, die offizielle Anerkennung der Rasse durch die internationale Hundewelt.

Und auch wenn man heute beginnt, eine schon bestehende Rasse zu züchten, ist es nicht viel anders: Natürlich, der Standard ist definiert, das Zucht- und Ausstellungswesen organisiert und es gibt schon jede Menge Erfahrung. Aber Rassen verändern sich: Phänotyp, Wesen, Anlagen, Verwendung … alles unterliegt Moden und gesellschaftlichen Entwicklungen. Schärfe, die früher gewollt war, will heute keiner mehr haben. Arbeitsrassen werden zu Familienhunden, Kleinstrassen durch falschen Ehrgeiz weiter verzwergt, Erbkrankheiten schleichen sich ein. Gesundheit ist ein großes Thema, denn viele Rassen sind, vor allem durch schlechte Zucht, krank – und mitunter stellt ein Züchter oder eine Züchterin fest, dass eine Rasse am Ende ist, zieht die Notbremse und schlägt eine andere Richtung ein.

Das Fell ist bei Welpen kurz, die lange Behaarung kommt mit dem Wechsel zum erwachsen Haarkleid..

So wie die Schweizerin Imelda Angehrn. 1966 begann sie mit der Zucht von English Bulldogs, beobachtete über die Jahre, dass die Hunde kränker wurden und durch Zeitgeschmack, unbedachte Züchter, einem zu kleinen Genpool und vielen anderen Gründen nicht mehr dem Standard entsprachen. Sie mahnte zu einer Kehrtwende, galt in der Züchterszene bald als Nestbeschmutzerin, machte sich Feinde, verlor Freunde, fand bei führenden Kynologen aber Rückendeckung und Hilfe. Heute gilt sie als Begründerin der Continental Bulldogs. Das Interview mit ihr lesen Sie auf Seite 16.

Wer züchtet bewahrt Geschichte. Denn Hunderassen sind immer auch eine Kulturleistung: Lundehunde, Island-Hunde, die heute so beliebten Magyar Vizsla und noch etliche andere Rassen – sie alle standen, aus den verschiedensten Gründen, irgendwann vor dem Aus, und hätten sich damals nicht Menschen gefunden, die sich für ihren Erhalt eingesetzt hätten, wären viele der fast 380 bei der FCI registrierten Rassen heute schon nicht mehr da. Oft waren es zunächst Einzelpersonen, später dann immer Gruppen. Sie alle haben viel Zeit, Geld und Mühe investiert, um die wenigen noch von einer Rasse existierenden Hunde zu suchen, ein Zuchtprogramm zu erstellen und so für ihren Erhalt zu sorgen.

Am schwersten aber wiegt die Verantwortung für die Welpen. Man schafft Leben, und keinem guten Züchter ist es egal, was aus diesem Leben wird. Im Gegenteil: Viele Züchter halten jahrelang Kontakt mit ihren Welpenkäufern, sind Ansprechpartner bei Problemen und freuen sich mit den Erfolgen. Zucht ist deshalb auch mehr als ein Hobby. Es ist ein Lebensstil, die Entscheidung für ein Leben mit Hunden. Fast undenkbar, dass ein Leben ohne Hunde überhaupt möglich ist. Und jeder dieser Züchter hat an der Welpenbox viele seiner glücklichsten, aber auch traurigsten Augenblicke erlebt. Denn „ja!", wenn die Geburt ohne Komplikationen verläuft, alle Welpen fit sind und die Mutter gut beieinander ist, dann ist die Aufzucht der Welpen ein zwar anstrengender, aber von vielen glücklichen Momenten begleiteter Spaß. Wenn's allerdings nicht so gut läuft – und die Liste möglicher Probleme ist lang! – ist man mit den Nerven schnell am Ende und verzweifelt.

Dieses Buch ist ein Sach- und ein Fachbuch. Geschrieben von erfahrenen Züchtern für angehende Züchter und Züchterinnen. Außerdem haben wir ausgesuchte Experten gebeten, etwas aus ihren Fachgebieten beizusteuern bzw. uns Zeit für ein Interview einzuräumen. Alles zusammen eine ganze Menge Know-How: von der Vorbereitung, über die Verpaarung, bis hin zur Geburt und einem ausführlichen Kapitel zum Thema „Troubleshooting an der Wurfkiste" bis hin zur Abgabe.
Denn darauf kommt es einem guten Züchter an: Dem neuen Besitzer einen Welpen in den Arm zu legen, der gesund an Kopf und Körper, mit vier Pfoten selbstbewusst auf dem Boden steht und von dem man mit voller Überzeugung sagen kann: „Der macht seinen Weg!"

Körperkontakt zu Frauchen vermittelt Sicherheit.

Ein Hundesenior ist eine prima Erziehungshilfe für den Nachwuchs.

VORBEREITUNG ZUR ZUCHT

BEVOR SIE SICH INS ABENTEUER ZUCHT STÜRZEN

Zucht, richtig betrieben, ist immer Teamwork. Züchter brauchen andere Züchter, weshalb es so wichtig ist, sich einem Verein anzuschließen. Aber das Ausfüllen eines Mitgliedsantrages ist nur ein Schritt auf dem Weg zum Züchter. Viel wichtiger ist, dass Sie sich schon lange vorher Gedanken darüber machen, warum Sie züchten wollen. Denn wenn der Zug einmal abgefahren ist, sitzt man drin, und nichts ist schlimmer, als mittendrin festzustellen, dass man das Projekt unterschätzt hat. Vor allem sollte Ihre Familie geschlossen hinter dem Projekt stehen, denn Sie werden Sie brauchen.

VORÜBERLEGUNGEN

„WARUM WILL ICH EIGENTLICH ZÜCHTEN?"

Gleich vorweg: „Geld durch Welpenverkauf" ist kein guter Grund, um sich in die Zucht zu stürzen. Denn wenn man es richtig macht, dann geht ein guter Teil des Verkaufserlöses für Deckgebühren, Papiere und Tierärzte drauf. Und das, was übrig bleibt, ist in der Regel hart verdientes Geld. Denn nicht wenige Züchterinnen und Züchter begeben sich mit dem Wurftag auch in eine Art Klausur, in der sie beinahe rund um die

Viele Hürden sind zu überwinden, bis ein Hund „zuchttauglich" ist.

Mehrere Generationen einer Hundefamilie findet man beim Züchter.

Uhr für die Welpen und die Mutter da sind. Acht Stunden Büro geht da nicht, und selbst Home-Office ist eine nur schwer zu meisternde Herausforderung.
Was für Gründe könnte es also geben? Nun, erfolgreiche Hundesportler werden im Laufe der Jahre oft zu Züchtern. Ihnen geht es – genau wie Jägern – um Anlagen und Leistung. Durch den Aufbau einer eigenen Linie mit einer besonders guten Hündin möchten sie zur Verbesserung der Rasse beitragen.
In vielen Hundebesitzern wächst das echte Interesse an einer Rasse und die „Hundewelt" auch erst durch ihren Hund. Sie beginnen Ausstellungen zu besuchen, machen erste Erfahrungen in der Hundeszene, haben Erfolge und stellen nach und nach fest, dass sie eine „Doggie-Person", ein echter Hundemensch sind. Wenn dann noch jemand fragt, ob sie mit ihrer Hündin eventuell mal einen Wurf machen würden … – na ja, dann fehlt nicht mehr viel.
Auch schlechte Erfahrungen können ein Grund sein in die Zucht einzusteigen. Nicht wenige Hundebesitzer, die heute züchten, hatten mal einen zuchtbedingt kranken oder schwierigen Hund – und werden davon angetrieben, es besser zu machen.
Und natürlich gibt es auch jede Menge Züchter, die einfach nur Spaß an der Sache haben und bereit sind, für ihr Hobby jede Menge Arbeit auf sich zu nehmen. Was auch immer die Gründe sind, wichtig ist, dass Sie sich vorher vollkommen klar darüber sind, warum Sie in dieses Abenteuer starten wollen.
Die Frage „Warum will ich einen Wurf machen?" sollte sich – auch in der Familie – jeder für sich beantworten. Schließlich gibt's keine Garantie dafür, dass auch alles schön wird.

LAST UND LUST: ZUCHTVEREINE

Mögen Sie Vereinsmeierei? Wenn Sie diese Frage mit einem spontan aus Ihnen herausbrechenden, sehr energischen „NEIN!" beantworten, dann sollten Sie überlegen, ob der Zuchtbetrieb tatsächlich etwas für Sie ist. Denn Tatsache ist: Züchter brauchen andere Züchter: um sich auszutauschen und sich gegenseitig zu helfen, vor allem aber, damit die Zucht kontrolliert, das heißt geordnet, ablaufen kann. Denn tatsächlich ist er-

folgreiche Zucht immer Teamarbeit: Ein gemeinsames Ziel, zur Zucht geeignete und vor allem gesunde Tiere und ein Zugang für die Züchter zu einem kontrollierten Genpool.

In 60er- und 70er-Jahren des letzten Jahrhunderts hat man das noch lockerer gesehen. Damals galt die Faustformel: „Champion + Champion = Champion", und es wurden mit aller Naivität Hunde nach Optik und eigenem Gutdünken miteinander verpaart, in der Hoffnung, dass die Nachkommen auch alle gesund und wunderschön würden. Das war aber leider nicht immer so. Man sprach nicht darüber, aber irgendwann war es jedem klar, dass mehr und mehr Welpen erbliche Defekte hatten. Von diesen Erbkrankheiten gibt es heute etwa 860 verschiedene und jedes Jahr werden ein paar neue entdeckt. Daher: Achtung! Hunde miteinander zu verpaaren und sich Züchter nennen ist einfach. Ordentlich zu züchten ist anspruchsvoll und verlangt viel Wissen, Vorsicht und Regeln!

Noch ein paar Worte zu Vereinen. In Vereinen treffen Charaktere zusammen, die sich außerhalb dieser Interessengemeinschaft oft niemals miteinander beschäftigen würden. Die Folge: Es „menschelt" zuweilen, und wer lange in einem Zuchtverein ist, kann oft ein Lied davon singen, wie ärgerlich das mitunter sein kann. Springen Sie dennoch über Ihren Schatten und werden Sie Mitglied in einem der großen Zuchtvereine. Das Kriterium bei der Auswahl des für Sie richtigen Vereines oder Verbandes darf übrigens niemals sein, wie einfach man es Ihnen macht, dort Mitglied zu werden. Weil sich Hunde „mit Papieren" nämlich besser verkaufen lassen, gibt es in Deutschland heute etwa 60 Vereine, die nur dafür da sind, Züchtern Papiere auszustellen, die ihr Geld nicht wert sind.

HOLEN SIE IHRE FAMILIE INS BOOT

So wie Zucht „extern" nur mit der Zusammenarbeit und Hilfe anderer Züchter funk-

01

02

tioniert, klappt es „intern“ nur, wenn die ganze Familie dabei ist. Denn die Aufzucht der Welpen, die Auswahl der künftigen Welpenbesitzer, die Prägung und Sozialisation der Welpen … – all das verlangt eine Menge Zeit, Raum und macht auch Mühe. Alleine schafft man das kaum, und „so nebenbei“ geht es auch nicht.

01 Prägung und Sozialisation der Welpen beginnen beim Züchter. Die Geschwister lernen mit- und voneinander.

02 Der künftige Besitzer freut sich an einem Hund, der neugierig die Welt erkundet und wenig Ängstlichkeit zeigt.

BEANTRAGEN SIE EINEN ZWINGERNAMEN

Wer nicht nur mal einen Wurf machen, sondern organisiert züchten möchte, sollte in einen Zuchtverein eintreten, und sich dort mit seinem Hund einer Kör-Schau stellen, um eine Zuchtzulassung zu bekommen – und dann müssen sie einen „Zwinger“ gründen. Und damit es jetzt nicht zu Missverständnissen kommt. Ein Zwinger ist ursprünglich mal der Raum zwischen zwei Festungsmauern gewesen. Warum man den Begriff für die Hundezucht übernommen hat, weiß niemand, hier aber bedeutet er schlicht „Zuchtstätte“.

Beispiel VDH. Wenn Sie sich für eine Zucht im Verband für das Deutsche Hundewesen entscheiden, im entsprechenden Rasseclub eingetreten sind, ihre Hündin gekört wurde, Sie ein Züchterseminar besucht und anschließend die Zuchtzulassung bekommen haben, reichen Sie drei Namensvorschläge ein. Auf der Internetseite der „Fédération Cynologique Internationale“ (FCI), dem Welthundeverband, finden Sie eine Datenbank, auf der Sie prüfen können, ob der jeweilige Name bereits besetzt und damit auch international geschützt ist. Die von Ihnen gewählten Namen reichen Sie beim

KANN ICH MIR DIE ZUCHT FINANZIELL LEISTEN?

Die Rechnung von Nicht-Züchtern lautet oft: „Zehn Welpen à 1.500 Euro sind 15.000 Euro". Und ein Atemzug später kommt dann meist der Nachsatz: „Für so nebenbei, ganz guter Verdienst!" Was diese Neider nicht wissen: So ist es nicht! Denn Zucht kostet Geld – und viele dieser Kosten fallen an, bevor die Welpen verkauft sind: Reisekosten, Decktaxe, Ultraschall, Ausstattung, die Nachuntersuchung der Hündin, Welpenfutter, Ahnentafeln, Chippen und Impfen der Welpen … All diese Kosten müssen Sie in der Regel im Voraus bezahlen.
Und vergessen Sie bitte nicht: Die Aufzucht und die Vermittlung der Welpen benötigen einiges an Zeit. Für viele Züchter sind das zwei Monate, in denen sie ihren eigentlichen Berufen nicht nachgehen können. Fazit: Von den ursprünglich mal genannten 15.000 Euro bleibt nach zwei Monaten natürlich etwas übrig, tatsächlich ist dieser Rest aber schwer verdient!

VDH ein – und in der Regel dauert es dann nur noch ein paar Wochen, bis Sie eine grüne Zwingerkarte bekommen und damit offiziell ein Züchter sind. Glückwunsch, jetzt kann's losgehen!

BAUEN SIE EINE INTERNETSEITE FÜR IHREN ZWINGER

Bei einer guten Internetseite geht es nicht nur um den Verkauf Ihrer Welpen. Sie erleichtert zum einen die Kommunikation, vor allem aber dient sie dazu, Sie aus der Masse der bereits etablierten Züchter hervorzuheben. Denn nicht jeder A-Wurf stößt gleich auf soviel Interesse, dass es auch eine Auswahl an künftigen Besitzerinnen und Besitzern gibt.
Außerdem geht es darum, Ihr Profil als Züchter so herauszuarbeiten, dass Sie auch die „richtigen" Welpeninteressenten finden, nämlich die, die Sie sich für Ihre Welpen wünschen.

01

01 Zwei Bolonka Zwetnas, eine Rasse, die man nicht sehr häufig antrifft.

02 Der Dackel ist für die Jagd gezüchtet, kann sich aber auch als Familienhund bewähren, wenn man ihm genug Beschäftigung bietet.

Beispiel Bolonka Zwetna, eine russische Gesellschaftshund-Rasse. Kleine, sehr intelligente, fröhliche und lebendige Hunde, die trotz aller Beliebtheit noch immer den Ruf eines „Handtaschen-Fiffis" haben. Keine Rasse, für die man sich als junge, unternehmungslustige Familie ad hoc interessieren würde. Und das ist schade, weil die Zwerge, wenn man ihnen den richtigen Rahmen und die Möglichkeit zur Entfaltung bietet, nämlich ganz fantastische Familienhunde sind, die mit ihren Menschen größere Ausflüge mitlaufen. Wenn Sie als Züchter jetzt aber genau solche Familien ansprechen, und später alle Telefonate mit alleinstehenden alten Damen vermeiden bzw. kurz halten möchten – gestalten Sie eine entsprechende Website: Fotos, Filme, Abenteuer, Möglichkeiten gibt es viele.

Anderes Beispiel: Wenn Sie eine jagdliche Leistungszucht haben, suchen Sie Welpeninteressenten, die die Hunde nicht nur zur Jagd einsetzen, sondern auch die für Sie als Züchter interessanten Anlage- und Verbandsprüfungen laufen. Wenn Sie das bereits auf Ihrer Website klar machen, wissen Ihre Bewerber schon mal, dass sie als Nichtjäger chancenlos sind bzw. Sie von Ihren Bewerbern mehr erwarten als „nur Brauchbarkeit".

02

EIN LANGER WEG

— *Interview mit Imelda Angehrn*

Wer züchtet, trägt Verantwortung. Doch wer ihr nachkommen will, hat es mitunter nicht leicht. Die Schweizerin Imelda Angehrn ist die Begründerin der Continental Bulldogs. Die noch junge Rasse ist ihre züchterische Antwort auf kritische Fragen betreffend der Zucht von English Bulldogs.

Frau Angehrn, wie sind Sie eigentlich auf die Rasse English Bulldog gekommen?

Ich bin als Tochter eines Tierarztes auf einem großen Bauernhof in der Schweiz aufgewachsen. Mein Mann Peter ist als junger Mann mit seinem Boxer bei uns vorbei gewandert. Dabei hatte der Boxer unseren Hahn gejagt und verletzt; ich habe den Hahn gesund gepflegt. In der Folge kam Peter mehrmals mit drei Freunden im Schlepptau vorbei, um „nach dem Hahn zu sehen". Ein Jahr später haben wir geheiratet. Peter hat in England studiert und in der dortigen Gastfamilie die Rasse English Bulldog kennengelernt. Er wollte unbedingt ein solch faltiges Hundetier haben, seine Eltern haben aber „nur" einen Boxer gestattet.

Bei Ihnen aber hat's geklappt?

Ich hatte Neufundländer und später noch einen Spitz. Aber Peter liebte die Bulldoggen und ich liebte Peter … Und ich glaube, Peter war sogar glücklicher als bei der Hochzeit, als wir den ersten Bulldog Welpen, einen Rüden, in Baden-Baden abholten. Bald kam ein zweiter English Bulldog dazu, diesmal eine Hündin. Und so begann es.

Mit Ihrer 1966 gegründeten Zucht „Pickwick Bulldogs" gehörten Sie 30 Jahre zu den feinsten Adressen der europäischen English-Bulldog-Family. Allein 47 internationale Champions wurden von Ihnen gezogen. Wieso kehrt eine so passionierte Züchterin ihrer Rasse nach so vielen Jahren den Rücken?

Im Jahr 1966 wagte ich mich auf unbekanntes Terrain. Nach vielen Jahren ist es mir gelungen, rassetypische, schöne Hunde zu züchten. Auf Ausstellungen wurden jedoch zusehends nur noch die schweren kopflastigen und breitschultrigen Hunde prämiert, die sich kaum noch bewegen konnten. Die Hunde litten zunehmend unter gesundheitlichen Problemen, die Kaiserschnittrate stieg, weil die großen Köpfe der Welpen mit den überbreiten Schultergürteln schlicht nicht mehr durch die Becken der Mütter passten …

Als Tierarzt-Tochter beschäftigte mich, welch anatomische Mängel dem Hund in Befolgung fragwürdiger Schönheitsideale oder aus bloßer Freude am Skurrilen angezüchtet wurden. Zwar hätte ich mich auf meinen Erfolgen ausruhen und weiterzüchten können wie bisher, stattdessen fühlte ich mich jedoch verpflichtet, die gängigen Extremzüchtungen und -bewertungen offen anzusprechen. In Rückbesinnung auf die gesunde, agile Englische Bulldogge des alten Schlags, wie man sie aus den zahlreichen Abbildungen des frühen 19. Jahrhunderts kennt, entschloss ich mich, die Tiergesundheit künftig in den Vordergrund zu stellen.

Was haben Sie getan?

Ich habe begonnen, leichtere und vitalere English Bulldogs in meiner Zucht zu bevorzugen. Dieser weniger kurzatmige, weniger krankheitsanfällige und leichtfüßigere Typ entsprach zudem geradezu vollständig dem ursprünglichen Rassestandard. Mir wurde klar: Wir brauchen keinen neuen Bulldog, sondern nur den gemäß Standard richtigen. Und für diesen richtigen Typ müsste nicht der Standard geändert werden, wohl aber dessen Auslegung. Alles in allem erhoffte ich mir, dieser Wandel würde gelingen.

Und sind damit gescheitert … ?

Ja! Der erwähnte Wandel blieb weitgehend aus. Als einer meiner Hunde schließlich bei der Bundessieger Show in Dortmund aus dem Ring geschickt wurde, weil er zu gut laufen konnte, begann für mich etwas Neues: Meine Hoffnung darauf, die Gesundheit ließe sich innerhalb der wunderbaren Rasse English Bulldog wieder in den Vordergrund rücken, war zwar gescheitert, nicht aber meine Vision eines gesunden Bulldogs: Nicht scheitern würde vielleicht ein mutiger Versuch, mein Ziel außerhalb der Rasse English Bulldog zu erreichen. So beantragte ich schließlich bei der Schweizerischen Kynologischen Gesellschaft (SKG), es sei mir ein entsprechender Zuchtversuch zu erlauben.

Schwer, kopflastig, häufig mit gesundheitlichen Problemen belastet: Die English Bulldog.

Der „Conti": leichter, beweglicher, gesünder – immernoch ein Bulldog.

Haben Sie diese Erlaubnis problemlos bekommen?

Nein, natürlich nicht. Immerhin aber wurde mir ein dreijähriger Versuch bewilligt, verbunden mit der Pflicht, die zwischenzeitlich gezüchteten Hunde von einem Team nationaler und internationaler Experten begutachten zu lassen. In Zusammenarbeit mit dem fundierten Kynologen Dr. h.c. Hans Räber habe ich zunächst die nötige Strategie festgelegt. Übergeordnetes Ziel musste sein, das gesundheitsrelevante, inzwischen aber verloren gegangene Erbgut aus möglichst artverwandten Rassen, somit aus dem Kreis der Molosser, vorab Bullmastiffs und Olde English Bulldog, wieder zuzuführen. Aus diesem Grund wurde anfangs in jeder Blutlinie ein reines English Bulldog Elterntier mit einem der erwähnten reinen Molosser-Elterntiere gepaart.

Dabei gab es viele Hürden zu überwinden. Zum Beispiel war der Olde English Bulldog einzig in Amerika anerkannt. Die Erlaubnis für die Einkreuzung zu bekommen, bedurfte deshalb weit mehr als nur ein paar Telefonate. Schließlich aber bekam ich sie. Wobei auch geholfen hat, dass zu dem Zeitpunkt gerade die Europa-Konvention über Zucht und Haltung von Heimtieren sowie das Schweizerische Tierschutzgesetz (Art. 10) geändert werden sollten.

Wie sah der ursprüngliche Plan aus?

Ich reiste in die Staaten, um gute Olde English Bulldogs zu finden. Darüber hinaus fand ich in der ehemaligen DDR drei English Bulldog-Hündinnen vom alten Schlag. Das war kurz nach dem Mauerfall. 2001 erfolgte dann der erste Wurf aus English Bulldogs und Olde English Bulldogs.

Und? Wie war er?

Also mich überzeugten dieser sowie auch die späteren Würfe. Viel wichtiger aber war, dass sie auch die Experten überzeugten, was zum Glück der Fall war. Man nannte diese Hunde damals „Olde Type Bulldogs“.

Wie reagierten die Bulldog-Züchter auf den Versuch, die Rasse gesünder zu machen?

Weitgehend ablehnend, verständlicherweise, denn, was anderen wichtig war, stellte ich infrage. Meine Ehrenmitgliedschaften in englischen Clubs verlor ich. Vor allem letzteres schmerzte mich, denn ich habe vor den Leistungen der Engländer auf allen Gebieten der Tierzucht die größte Hochachtung. Dessen ungeachtet blieb ich überzeugt, dass die Einmaligkeit und die Qualitäten der Rasse English Bulldog jede, wirklich jede züchterische Anstrengung verdienen, um gesunden Tieren mit einwandfreiem, für den Bulldog so typischem Wesen die Zukunft zu sichern.

2004 hieß es plötzlich, Ihre Hunde sollten die Stammtiere für eine neue Rasse werden …

Ja, und das wurde dann auch noch mal richtig anstrengend. Denn dafür brauchte ich acht getrennte Blutlinien, die in den letzten drei Generationen keinen einzigen gemeinsamen Ahnen haben dürfen. Das sind deutlich über 100 Hunde, die ich nicht alle selber halten konnte. Man braucht unglaublich viel Hilfe bei so einem Projekt. Dass ich diese Hilfe bekam, zunehmend sogar aus Züchter-Kreisen, ganz besonders vom deutschen Züchter Heiko Schmidt, erfüllt mich mit großer Dankbarkeit.

Am 31. März 2022 – also ziemlich genau 20 Jahre nachdem der erste Wurf gefallen war, wurde die „Continental Bulldog“ von der FCI vorläufig als neue Rasse anerkannt. Wie fühlt man sich bei so einem Erfolg?

Es ist schon ein großer Schritt. Aber noch sind wir ja nicht am Ende. Der vorläufige Status dauert zehn Jahre. In diesen zehn Jahren sind Anordnungen und Auflagen der FCI zu erfüllen und umzusetzen. Alle drei Jahre werden die Unterlagen von der FCI begutachtet und es wird beobachtet, wie die Rasse sich entwickelt. Ich bin aber sehr zuversichtlich, dass der Continental Bulldog 2032 die endgültige FCI-Anerkennung bekommt, auch wenn ich es persönlich wahrscheinlich nicht mehr erleben werde.

ANMERKUNG DER AUTORIN

Ich habe die Entwicklung dieser Rasse live miterlebt. Angefangen von den ersten „Contis“, die in meiner Praxis auftauchten, bis zu den ersten Gesundheitschecks dieser Rasse, die ich im Auftrag des VDH zusammen mit einer Zuchtrichterin durchführte. Zunächst war der sog. „Phänotyp“ dieser Hunde noch sehr uneinheitlich, sind sie doch eigentlich das Produkt einer „Mischlingsverpaarung“. Das änderte sich aber schnell und man kann heute einen „Conti“ an seinem Aussehen eindeutig identifizieren.
Der „Conti“ ist ein gesunder, munterer, sportlicher, familientauglicher Hund und es bleibt zu hoffen, dass diese Rasse nicht wie die English Bulldogs in eine Richtung steuert, die der Gesundheit nicht guttut.
Frau Angehrn hat mit unglaublicher Hingabe und Zähigkeit alle Widerstände überwunden und einen gesünderen Hund gezüchtet. Bei der FCI werden immer mal wieder neue Rassen vorläufig zugelassen, das sind dann aber nationale Rassen, die es schon länger gibt, oder Miniaturausgaben einer Rasse, die schon besteht, aber eine wirklich „neue“ Rasse zu züchten, ist eine unglaubliche Leistung.

Gut gemacht, Frau Angehrn!

VERPAARUNG, TRÄCHTIGKEIT UND GEBURT

WIE WEISS ICH, WANN DIE REISE LOSGEHT?

Gleich vorweg: Die Bestimmung des richtigen Deckzeitpunktes fällt oft auch sehr erfahrenen Züchtern nicht leicht. Denn die zeitliche Lücke, in der die Hündin tatsächlich aufnahmebereit ist, ist klein, die Chance den richtigen Zeitpunkt zu verpassen groß. Als Faustformel für die Fahrt zum Rüden gilt deshalb immer: Lieber zu früh als zu spät, im schlimmsten Fall verbringen Sie eine Nacht im Hotel.

ZUNÄCHST DER THEORETISCHE TEIL …

Grundsätzlich werden Hündinnen etwa alle sechs Monate läufig. Die Läufigkeit dauert etwa drei Wochen und beginnt mit dem Anschwellen der Vulva. Zu Beginn der Läufigkeit verliert die Hündin dunkles Blut aus der Scheide, das im Verlauf der Läufigkeit immer heller und klarer („durchsichtiger") wird und am Ende fast wässrig erscheint.
Die ersten acht Tage nennt man „Pro-Östrus" (Vorbrunft). Die Scheide der Hündin schwillt enorm an, sie ist allerdings noch nicht deckbereit, sondern beißt an ihr interessierte Rüden teils sehr aggressiv weg.
Denn natürlich ist sie in der Phase schon enorm interessant für die Rüden und hinterlässt genug Duftstoffe, damit auch der letzte Rüde in der Nachbarschaft merkt, was los ist. So setzt sie auf Spaziergängen beispielsweise häufig kleine Mengen Urin ab und hinterlässt damit Botschaften, aus denen jeder andere Hund ihren Hormonstatus „herauslesen" kann.
Deckbereit sind die meisten Hündinnen dann irgendwann ab dem achten oder neunten Tag. Ihr Scheidenausfluss wird jetzt heller und die Menge nimmt ab. Außerdem geht die Schwellung ihrer Vulva zurück.

Theoretisch könnten Sie also im Voraus genau planen, wann Sie zum Rüden fahren. Praktisch aber ist das leider nicht so, denn es gibt Hündinnen, die halten sich einfach nicht an die Termine. Manche sind früher dran, andere lassen sich Zeit, und wenn Sie Pech haben, gehört Ihre Hündin zu den seltenen Exemplaren, die eine sogenannte „weiße Hitze" haben. Diese Hündinnen durchlaufen eine normale, fertile Läufigkeit, bluten aber nicht. Es macht daher tatsächlich Sinn, den richtigen Deckzeitpunkt durch einen Tierarzt bestimmen zu lassen, denn nichts ist ärgerlicher, als mehrere hunderte Kilometer zum Rüden zu fahren, um dann festzustellen, dass man den richtigen Zeitpunkt verpasst hat.

DECKZEITPUNKT-BESTIMMUNG

Die Hündin hat nur zwei Mal im Jahr für jeweils zwei bis vier Tage die Chance, trächtig zu werden. Das ist ein ganz schön enger Zeitraum und die Chance, die richtigen Tage zu verpassen (weil man vielleicht den Beginn der Läufigkeit nicht gleich mitbekommen hat) ist groß. Daher: Gerade wenn die Reise zum Rüden mit hohen Treibstoff- oder Hotelkosten verbunden ist, sollten Sie hier nicht an der falschen Stelle sparen und Ihren Tierarzt mit ins Boot holen.

DIE „WEISSE" ODER „STILLE" HITZE"

Von einer „weißen" oder „stillen" Hitze spricht man, wenn die Hündin einen normalen Zyklus hat, aber weder Vaginalausfluss, noch eine Schwellung der Scheide zu beobachten ist. Das passiert mitunter bei jüngeren Hündinnen und verändert sich mit den Jahren. Bleibt der Zyklus ganz aus, sollten Sie zum Tierarzt gehen, um gesundheitliche Probleme auszuschließen.

Ist der passende Rüde gefunden, geht es nun darum, den richtigen Deckzeitpunkt zu erwischen.

MÖGLICHKEIT 1

Der „Goldstandard" zur Bestimmung des richtigen Termins ist der sogenannte „Progesterontest". Hierbei wird an mehreren Tagen hintereinander jeweils eine kleine Menge Blut entnommen, um die Konzentration des Hormons „Progesteron" zu messen. Ein Anstieg der Hormonkonzentration ist sehr eng mit dem zu erwartenden Eisprung gekoppelt. Wichtig: Bestehen Sie auf eine Laboruntersuchung. Es gibt nämlich noch einen sogenannten „Farbtest", der ähnlich wie ein Corona-Schnelltest funktioniert, aber eher unzuverlässig ist.

MÖGLICHKEIT ZWEI

Neben der Progesteron-Bestimmung kann man auch eine „vaginalzytologische Untersuchung" durchführen. Dazu werden mit einem Tupfer Zellen aus der Scheide gewonnen, gefärbt und unter dem Mikroskop untersucht.

MÖGLICHKEIT DREI

Sollte Ihr Tierarzt über ein Video-Endoskop verfügen, kann er damit anhand der Faltenbildung in der Vagnalschleimhaut zusätzlich Aussagen über den Zyklusstand der Hündin machen. Außerdem sieht man bei dieser Gelegenheit, ob sich in der Vagina Hindernisse wie Scheidenspangen, Polypen oder Ähnliches befinden.

Der Vollständigkeit halber erwähnen wir hier außerdem die „LH-Hormonmessung". Der LH Wert (das „luteinisierende Hormon") gibt uns an, ob genug Hormon im Blut zirkuliert, damit es zu einem Eisprung kommen kann. Die Messung ist allerdings nicht besonders praxistauglich, weshalb sie sich als Methode zur Deckzeitpunktbestimmung nicht etabliert hat.

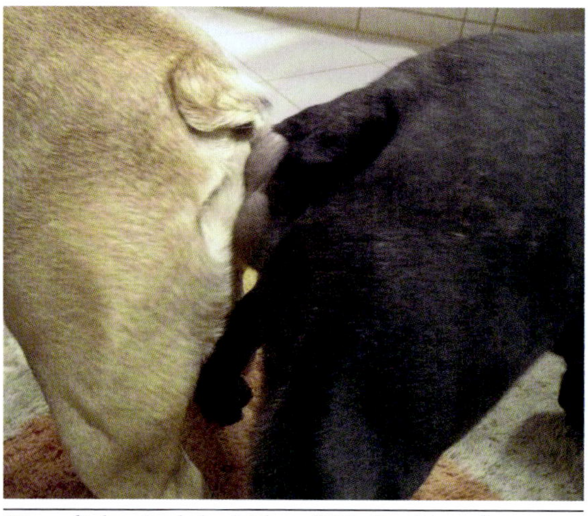

Ein geglückter Deckakt: Rüde und Hündin „hängen".

DER DECKAKT

Wenn's um Sex geht, gilt auch bei Hunden: „Stimmt die Chemie nicht, fällt die Biologie aus!" Und tatsächlich läuft beim Deckakt nicht immer alles rund, denn auch das Paarungsverhalten von Hunden ist nicht immer unbedingt „wahllos". Und kurze Vorbemerkung: Wie bei uns Menschen, kann auch das Paarungsverhalten von Hunden sehr individuell sein. Und hinzu kommt: Im Gegensatz zu uns können sich Hunde ihren Paarungspartner nicht aussuchen, denn Zucht bedeutet ja, vom Menschen kontrollierte Fortpflanzung.

Fragen Sie langjährige Züchter: Es gibt Deckakte, da lässt der erfahrene Rüde die Hündin nicht mal aus dem Kofferraum und 20 Minuten später ist der Züchter bereits wieder auf dem Nachhauseweg. Und es gibt welche, da sitzt man zwei Tage bei Eiseskälte in einer thüringischen Waldhütte mit Plumpsklo und schaut einem wenig glücklichen Rüden dabei zu, wie er wieder und wieder die Zielgerade verfehlt und von der genervten Hündin weggebissen wird. Denn Hunde sind keine Roboter und auch bei ihnen gibt es Sympathien und Antipathien. Es

Der Optimalfall: Rüde und Hündin dürfen sich in Ruhe kennenlernen.

gibt sogar sehr erfahrene Deckrüden, die gehen bei manchen Hündinnen nicht ran, und auch wenn die „Stehtage" so heißen, weil die Hündin da theoretisch fest steht und eigentlich jeden Rüden ranlassen müsste, gibt es doch gar nicht so selten auch Hündinnen, die den Rüden harsch wegbeißen und sich nicht decken lassen.

DAHER EINIGE TIPPS ZUM TROUBLESHOOTING BEIM DECKAKT

1. **Planen Sie Zeit ein!** Bei einem entspannten Spaziergang und der Möglichkeit eines lockeren Kennenlernens, klappt vieles, was unter Druck nicht funktionieren würde. Mitunter zum Beispiel, wenn Rüde und Hündin sehr weit voneinander entfernt wohnen, kommen sich Züchter und Deckrüdenbesitzer entgegen und treffen sich auf einem Autobahnrastplatz. Das kann gut gehen, muss aber nicht. Wenn, dann wählen Sie einen, an dem ein großes Waldgebiet anschließt, in dem Sie die Hunde laufen lassen können.
2. **Zwei blutige Anfänger, das geht oft schief.** Ja, die Natur, so sagt man, findet ihren Weg, aber das gilt bei Hunden nicht immer. Zumindest einer der Partner sollte wissen, was zu tun ist.
3. **Junge, unerfahrene Rüden** müssen das Decken mitunter tatsächlich lernen. Natürlich gibt es Naturtalente, die auf Anhieb wissen, auf welches Ende der Hündin sie steigen müssen und den Weg in die Vagina sofort finden. Es gibt aber auch andere ...
4. **Backup-Rüde:** Der Zeitraum, in dem eine Hündin empfangen kann, ist kurz: Es ist deshalb hilfreich, einen Backup-Rüden in räumlicher Nähe vom Deckrüden zu haben. Denn wenn der Deckakt mit dem ersten Rüden nicht klappen will, dann ist es gut, noch ein Ass im Ärmel zu haben. Denn beim „Deckgeschäft" hat man alles, aber keinen großen Zeitrahmen!
5. **Backup-Tierarzt:** Wenn es gar nicht klappt, bevor Sie die Hündin vergewaltigen, fesseln und knebeln, lieber einen

Termin beim Tierarzt vereinbaren, den Rüden absamen und die Hündin in der Praxis besamen lassen.
Aber Achtung: Das geht nur, wenn die Zuchtbestimmungen ihres Zuchtvereins dies zulassen.

IM IDEALFALL LÄUFT EIN DECKAKT FOLGENDERMASSEN AB

Die deckbereite Hündin macht einen kleinen Buckel, legt die Rute zur Seite und bleibt stehen. Der Rüde beschnüffelt das Genital der Hündin, leckt sie ab und besteigt sie anschließend. Dabei umklammert er mit den Vorderbeinen den Bauch oder den Brustkorb der Hündin und dringt mit dem Penis in die Vagina ein. Ob ein Rüde einen Samenerguss hat, kann man feststellen, wenn man seine Finger auf den Bereich unterhalb des Afters legt, denn man kann dort eine pulsierende Bewegung fühlen.
Wenn der Rüde ejakuliert hat, „hängt" er. Das sogenannte „Hängen" ist ein sinnvoller Trick der Natur. Die Schwellkörper des Penis schwellen so stark an, dass sie sehr fest an der Scheidenwand der Hündin anliegen. Dadurch wird verhindert, dass Samenflüssigkeit nach außen abfließt, und die Spermien von der letzten Fraktion des Ejakulats, dem Prostata-Sekret, in den Muttermund gespült werden.
Das „Hängen" kann von zehn Minuten bis zu einer Stunde dauern. Während dieser Zeit rutscht der Rüde von der Hündin und dreht sich um, sodass beide Partner Hintern an Hintern zueinander stehen. Um Schmerzen oder sogar Verletzungen an den inneren Organen zu vermeiden, ist es wichtig, dass die Hunde dabei ruhig sind. Gerade junge Hunde aber versuchen sich dieser Situation zu entziehen, indem sie zappeln. Manche Hündinnen pressen, um den Penis in der Scheide wieder loszuwerden. In dem Fall müssen Sie helfen. Halten Sie die Hunde sanft fest und sprechen Sie beruhigend auf sie ein, damit sie still stehen.

Und was, wenn die Hunde nicht hängen? Deckakte, bei denen es nicht zum „Hängen" kommt, sind nicht zwangsläufig erfolglose Deckakte, und Deckakte mit „Hängen" müssen nicht zuverlässig zu einer Trächtigkeit führen.

EIN, ZWEI ODER MEHRMALS DECKEN?

Da scheiden sich die Geister. Ein Züchter sagt „viel hilft viel", der andere fährt nach einmaligem Decken wieder nach Hause. Untersuchungen haben ergeben, dass es hinsichtlich Trächtigkeitsquote und Wurfgröße keinen signifikanten Unterschied macht, ob die Hündin einmal, zweimal oder sogar noch häufiger gedeckt wurde.
Rat einer langjährigen Praktikerin: Zweimal ist besser als einmal. Und wenn der Rüden-Besitzer nichts dagegen hat und die Hunde wollen, warum nicht?

UNTERSUCHUNGEN RUND UM DEN DECKAKT

Bei gesunden Paarungspartnern sind die meisten in der Welt herumgeisternden Untersuchungen nicht nötig. Deckzeitpunktbestimmung und Impfung der Hündin gegen das Herpesvirus allerdings sind auf jeden Fall zu empfehlen.
Sollte die Hündin allerdings leer geblieben sein oder der Rüde mehrfach gedeckt haben, ohne dass sich Nachwuchs eingestellt hat, machen bakteriologische Untersuchungen, Spermiogramme, Ultraschalluntersuchungen und Blutuntersuchungen auf endokrinologische Erkrankungen Sinn.
In jedem Fall sollten Sie das mit Ihrem Tierarzt bzw. einem seiner auf Reproduktion spezialisierten Kollegen besprechen. Solche Spezialisten finden Sie über die Internetseite der „Arbeitsgruppe Reproduktionsmedizin in der Hundezucht e. V." (www.agrh.de), an den Universitätstierklinken oder können diese auch bei der jeweiligen Landestierärztekammer erfragen.

Spielverbeugung und Animation zum Deckakt sehen sehr ähnlich aus.

VOM EI ZUM WELPEN

Die Entwicklung des Welpen dauert ca. 63 Tage, gerechnet ab dem letzten Stehtag. Und natürlich schlussfolgern die meisten daraus, dass auch die eigentliche Entwicklung des Welpen 63 Tage dauert. Ist aber nicht so: denn tatsächlich nisten die befruchteten Eizellen sich erst nach 21 Tagen in der Gebärmutter ein.
Zunächst schwimmen die Spermien noch ziemlich ziellos in der Hündin herum (und können dort bis zu sieben Tage überleben), was auch der Grund ist, warum Hündinnen zur Mehrfach-Empfängnis in der Lage sind. Wird eine Hündin nämlich innerhalb ihrer Stehtage von verschiedenen Rüden gedeckt, entsteht ein „Erbgut-Cocktail", und niemand kann sagen, von welchem dieser Rüden die Spermien schlussendlich in die Zelle eindringen und sie befruchten.
Die befruchteten Eizellen teilen sich, werden größer und gelangen nach ungefähr zwei Wochen in die Gebärmutter. Dort schwimmen sie noch ungefähr zwei Tage lang frei herum (sie heißen jetzt Embryo) und heften sich erst am ungefähr 20. Tag nach dem Decken in die Gebärmutterwand. Erst jetzt beginnt die Bildung der Plazenta (Mutterkuchen), damit also der feste Kontakt zu mütterlichem Gewebe. Wenn die Organentwicklung abgeschlossen ist, also ungefähr am 30. Tag, wird der Embryo zum Fetus.

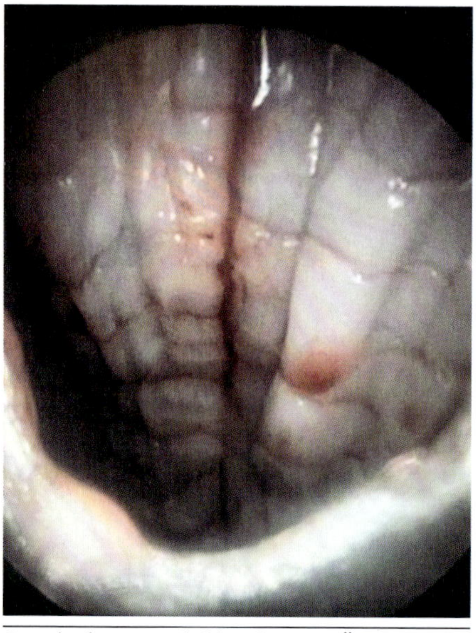

So sieht die Vaginalschleimhaut im Östrus aus.

UND WIE KRIEG ICH JETZT RAUS, OB DIE HÜNDIN TRÄCHTIG IST?

Anders als für uns Menschen gibt es für Hunde leider keinen zuverlässigen Blut- oder Urintest, um eine Schwangerschaft zu bestimmen. Wer nicht einfach nur abwarten und die Sache auf sich zukommen lassen möchte, hat folgende Möglichkeiten:

1. Ultraschalldiagnostik

Der früheste, sichere Nachweis einer Trächtigkeit bei der Hündin lässt sich ab dem 21. Tag nach der Trächtigkeit durch eine Ultraschalluntersuchung durchführen. Denn ab dem Zeitpunkt, an dem sich die Embyronen in der Gebärmutter einnisten, also fest an der Gebärmutterwand verankern, kann man sie auch sehen. Allerdings sehen sie nicht aus wie kleine Hunde, son-

dern eher wie kleine, im Weltall schwebende Zitronen. Und tatsächlich nennt man diese Entwicklungsphase das „Zitronenstadium."
Tipp: Gehen Sie nicht schon am 21. Tag, mitunter klappt es dann noch nicht und die Hündin müsste nachgeschallt werden. Lassen Sie sich noch ein paar Tage Zeit, dann sehen selbst ungeübte Augen etwas.
Und ganz wichtig: Ein geübter Tierarzt sieht im Ultraschall viel, aber eben nicht alles, und kann, was die Anzahl der zu erwartenden Welpen angeht, nur eine Schätzung abgeben. Aber zumindest haben Sie dann, auch mit Blick auf die Suche nach geeigneten Welpenbesitzern, schon mal eine ungefähre Richtung.

2. Röntgenuntersuchung

Die gute Nachricht zuerst: Die Strahlenbelastung bei einer Röntgenuntersuchung ist extrem gering und tatsächlich für Welpen vollkommen ungefährlich. Die schlechte Nachricht: Im Röntgenbild sieht man erst ab dem 45. Tag der Trächtigkeit etwas, dann nämlich, wenn die Skelette der Welpen mineralisiert sind und genug Kontrast geben. Das ist leider erst zwei Wochen vor dem Geburtstermin. Aber immerhin: mit der Röntgenuntersuchung kann man zuverlässiger zählen als bei der Ultraschalluntersuchung, aber auch hier kann es zu Fehlern kommen.

3. Abtasten

Da Hündinnen eine geringe Bauchdecken-Spannung haben, kann man bei ihnen den Bauch gut durchtasten. Eine Trächtigkeit kann man durch Abtasten zwischen dem 25. und 35. Tag feststellen. Diese Methode birgt allerdings viele Unsicherheiten und der Erfolg hängt tatsächlich auch von der Erfahrung und dem Fingerspitzengefühl des Tierarztes ab.

4. Trächtigkeitssschleim

Gleich vorweg: das ist die einfachste, aber auch unsicherste Methode! Bei manchen Hündinnen kann man den Abgang eines zähen glasigen Schleims um den 21. Trächtigkeitstag beobachten. Dies ist ein einigermaßen sicheres Zeichen dafür, dass die Hündin tragend ist. Es gibt allerdings auch Hündinnen, die diesen Schleim absondern und nicht trächtig sind ... Daher: Nein, verlassen Sie sich nicht drauf!

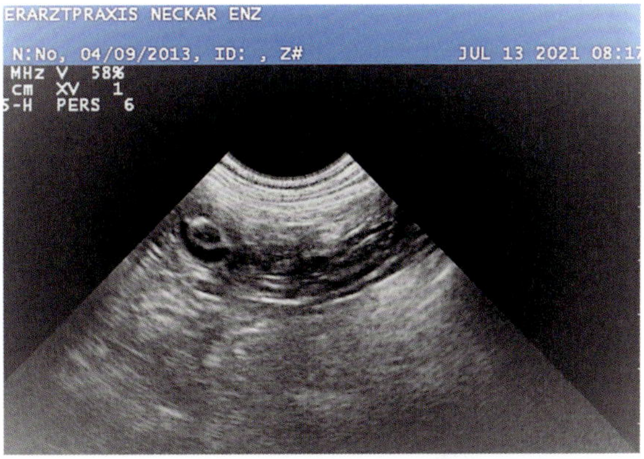

Sonografie-Bild von dem Zitronenstadium in der Frühträchtigkeit.)

Der Trächtigkeitsschleim zeigt sich um den 21. Trächtigkeitstag.

FÜTTERUNGSTIPPS FÜR TRÄCHTIGKEIT UND LAKTATION

— *Von Dr. med. vet. Natalie Dillitzer*

Die Fütterung der trächtigen und laktierenden Hündin soll neben der optimalen Versorgung des Muttertieres eine gesunde Entwicklung der Welpen gewährleisten.

NÄHRSTOFFVERSORGUNG PHASENWEISE ANPASSEN

Idealerweise sind Hündinnen zu Beginn der Trächtigkeit normalgewichtig und legen während der Trächtigkeit nicht mehr als 20 bis 25 Prozent ihres Körpergewichts zu. Da Hundefeten in der 1. bis 4. Trächtigkeitswoche nur wenig wachsen, besteht bei der Mutterhündin in dieser Zeit noch kein erhöhter Energiebedarf. Allerdings muss auf eine ausgewogene Ernährung mit allen notwendigen Nährstoffen (Mineralien und Vitamine) geachtet werden. Erst in der 5. bis 9. Trächtigkeitswoche nimmt mit dem Größenwachstum der Welpen auch der Energie- und Nährstoffbedarf der Mutterhündin sprunghaft zu.

— Je nach Anzahl der Feten ist ab der 5. Trächtigkeitswoche der Kalorienbedarf der Mutterhündin um etwa das 1,4-fache erhöht (vgl. Tab. 1).

Mit Beginn der Säugezeit steigt der Bedarf der Hündin an Flüssigkeit, Energie und Nährstoffen nochmals rapide an. Dabei ist der Energiebedarf des Muttertieres in erster Linie von der Anzahl der zu versorgenden Welpen abhängig.

— Hündinnen mit bis zu 4 Welpen benötigen in der Hochlaktation das 2-fache ihres Energiebedarfs, bei 10–12 Welpen sogar das 4-fache (vgl. Tabelle, S. 31).

Auf die dazu erforderliche Futtermenge hat die Hündin meist erst 10–12 Tage nach der Geburt den richtigen Appetit, darum das Futter den ganzen Tag über zur freien Aufnahme zur Verfügung stellen.

WELCHES FUTTER?

Das Futter für trächtige und laktierende Hündinnen sollte hochverdaulich, energie- und nährstoffreich sein. Die notwendige Er-

☞ FUTTERPLAN FÜR EINE TRÄCHTIGE HÜNDIN

mit 5 bzw. 25 kg Körpergewicht (Tagesmengen in Gramm)

KÖRPERGEWICHT (KG)	TRÄCHTIGKEITSSTADIUM	FLEISCH (ROHGEWICHT)	KOHLENHYDRATE*	GEMÜSE	ÖL & SCHMALZ**	LECKERLIS***	VITAMIN-MINERAL-PULVER****
5	1. bis 4.Woche	90–110	50–65	nicht notwendig	3–3,5	8–10	3
	5. bis 9. Woche	160–200	55–70	nicht notwendig	3–4	5–6	4,5
25	1. bis 4.Woche	300–370	175–210	nicht notwendig	9–11	30–35	9
	5. bis 9. Woche	590–760	200–260	nicht notwendig	11–14	15–20	16

☞ FUTTERPLAN FÜR EINE SÄUGENDE HÜNDIN

mit 5 bzw. 25 kg Körpergewicht (Tagesmengen in Gramm)

KÖRPERGEWICHT (KG)	WELPENZAHL	FLEISCH (ROHGEWICHT)	KOHLENHYDRATE*	GEMÜSE	ÖL & SCHMALZ**	LECKERLIS***	VITAMIN-MINERAL-PULVER****
5	1–4	170–270	60–95	nicht notwendig	2,5–4	5–8	5–8
	5–8	290–340	100–120	nicht notwendig	4,5–5	9–10	8–10
25	1–4	630–1100	220–400	nicht notwendig	9–17	18–33	18–32
	5–8	1200–1500	430–520	nicht notwendig	18–22	36–43	35–42

* weich gekocht

** ⅓ Sonnenblumen-, Hanf- oder Distelöl, ⅓ Lachsöl, ⅓ Schweineschmalz, um alle essenziellen Fettsäuren abzudecken

*** wenn keine Leckerchen benötigt werden, dann je 10 g Leckerlis 20 g Fleisch oder 20 g gekochte Kohlenhydrate zusätzlich geben

**** hier berechnet für Vitamin Optimix Mummy von Futtermedicus

01

höhung der Energiezufuhr wird durch die Steigerung der Futtermenge erreicht. Bei Fertigfutter ist darauf zu achten, dass es dabei nicht zu einer deutlichen Überversorgung mit bestimmten Vitaminen und Mineralien kommt. Darum empfehlen wir, die Nährstoffzufuhr für die 5. bis 9. Trächtigkeitswoche und die Laktation individuell zu berechnen.
Damit die umfangreichen Rationen auch gerne gefressen werden, sollte das Futter besonders schmackhaft sein. In dieser Hinsicht haben sich gerade auch selbst zubereitete Rationen aus frischen Zutaten bewährt. Bei der Zusammenstellung ist auf eine hochwertige Proteinquelle wie Fleisch, gekochte Eier und ggf. laktosefreie Milchprodukte zu achten, Anteile wie Herz und Magen sind ebenso möglich.
Weiterhin sollte die Ration zu mindestens 20 Prozent aus gekochten Kohlenhydraten bestehen. So ist in der Trächtigkeit eine ausreichende Versorgung der Feten mit Glukose, in der Laktation eine ausreichende Milchzuckerbildung sichergestellt. Werden der Hündin keine Kohlenhydrate zuge-

02

führt, muss sie Glukose bzw. Laktose aus speziellen Aminosäuren bilden, was energetisch gesehen weniger effektiv ist und bei grenzwertiger Proteinversorgung des Muttertieres auch zu Lasten der Feten bzw. Welpen geht. Somit ist eine reine BARF-Fütterung ohne Einsatz von Flocken nicht immer optimal. Zwar wird in diesem Zusammenhang gerne auf den Wolf verwiesen, der auch keine Flocken bekommt, doch der Nachwuchs bei Wölfinnen beläuft sich meist auf nur 4 bis 6 Welpen und nicht wie bei Hündinnen auf 8–12 Welpen. Das ist energetisch ein extremer Unterschied! Kohlenhydratfrei, weizenfrei und/oder glutenfrei sollte also bei der Fütterung von Zuchttieren nicht das Thema sein, es sei denn, es liegen individuelle Unverträglichkeiten vor. Eine vegetarische Fütterungsform während der Zuchtphase ist aufgrund des hohen Nährstoffbedarfs (vor allem Aminosäuren) gleichfalls nicht empfehlenswert.

Der erhöhte Bedarf an Vitaminen und Mineralien ist am sichersten über ein speziell für die trächtige und laktierende Hündin konzipiertes Mineral-Vitamin-Pulver abzudecken. Entsprechende Produkte zeichnen sich durch erhöhte Gehalte an Vitaminen (Vitamin E, Biotin, Folsäure), Spurenelementen (Eisen, Zink, Jod) und vor allem Calcium aus. Letzteres ist nicht nur wichtig für stabile Knochen und Gelenke bei den Welpen, sondern hilft, die Calciumverluste der Mutterhündin über die Milch auszugleichen. Bei unzureichender Zufuhr können sonst Krampfanfälle (Eklampsie) die Folge sein.

01 Der Nährstoffbedarf der laktierenden Hündin ist besonders hoch.

02 Das Futter für die Hündin muss schmackhaft und frisch sein, damit die Rationen vollständig aufgenommen werden.

DR. MED. VET. NATALIE DILLITZER

- Fachtierärztin für Tierernährung und Diätetik, Zusatzbezeichnung Ernährungsberatung für Kleintiere
- seit 2009 selbstständig mit Futtermedicus
- 2004–2009 wissenschaftliche Assistentin am Lehrstuhl für Tierernährung und Diätetik der Ludwig-Maximilians-Universität München
- 2006 Gründung der eigenen Tierernährungsberatungspraxis Futtermedicus
- 2004 Promotion zum Thema „Zur Analytik von Lipiden im Hunde- und Katzenserum nach Fütterung ungesättigter Fettsäuren"
- 2001–2004 Doktorandin am Lehrstuhl für Tierernährung in Oberschleißheim
- Veröffentlichungen: Ganzheitliche Ernährung für Hund und Katze, Thieme Verlag, 2020; Lieblingsrezepte und Lieblings Rezepte, Futtermedicus Verlag 2016; Das Rezeptbuch für Barfer, Futtermedicus Verlag 2015; BARF für Katzen, Gräfe und Unzer, 2014; Ernährungsberatung in der Kleintierpraxis, Elsevier Verlag, 2009 und 2011; Fachartikel für verschiedene Fachzeitschriften und Magazine

In einer geräumigen Wurfkiste ist auch noch genug Platz, wenn die Welpen größer werden.

DIE GEBURT

Wird man im allgemeinen Wissensquiz gefragt, wie lange Hunde tragen, lautet die Antwort immer 63 Tage, und auch die von manchen Clubs zur Erechnung des Wurftages herausgegebenen Tabellen gehen von dieser Zahl aus. Tatsächlich kann die Trächtigkeit allerdings zwischen 56 und 72 Tagen dauern. Statistisch gesehen aber fallen die meisten Welpen tatsächlich nach dem 62. oder 63. Tag.

Für einen Erstlings-Züchter ist es sehr beruhigend, einen Ansprechpartner für alle Fragen zu haben, die dieses Buch eventuell nicht beantwortet. Es gibt deshalb in verschiedenen Zuchtvereinen sogenannte „Züchterpatenschaften", bei denen ein erfahrener Züchter einem „Neuling" mit Rat und (manchmal) auch Tat zur Seite steht. In Deutschland gibt es außerdem „Hundehebammen". Diese Berufsbezeichnung ist nicht geschützt, d. h. es ist kein Ausbildungsberuf, jeder darf sich so nennen. Grundsätzlich ist es immer gut, Hilfe bei einer Geburt zu haben und solange alles gut geht und alles unproblematisch abläuft, ist die Welt in Ordnung. Aber: Vor der Beauftragung einer Hundehebamme sollte unbedingt die Haftungsfrage geklärt werden, wenn Probleme auftreten.

WIE ERKENNEN SIE, DASS ES LOS GEHT?

Verhalten in ein exaktes Raum-Zeit-System einzuordnen und damit Fragen wie „Was passiert wann wo?“ exakt beantworten zu können, ist ein alter Traum von Biologen. Tatsächlich aber ist es auch beim Thema „Geburt“ nicht so, denn es gibt natürlich vorhersagbare Anzeichen, aber eben auch viele Unbekannte. Als Faustregel gilt deshalb: Es ist jedes Mal und bei jeder Hündin anders! Denn selbst bei ein und derselben Hündin ist nicht jede Geburt gleich.

Das sicherste Zeichen, dass es bald losgeht, ist die Körpertemperatur. 24 Stunden vor der Geburt sinkt sie bedingt durch den Abfall des Schwangerschaftshormons Progesteron um mehr als ein Grad. Dieser Temperaturabfall dauert aber meistens nur einige Stunden, d. h. man kann diesen Zeitpunkt auch leicht verpassen. Dennoch lohnt es sich, der trächtigen Hündin einer Woche vor dem errechneten Geburtstermin drei mal täglich Fieber zu messen. Erwischt man den Temperaturabfall, ist sicher, dass innerhalb von 24 Stunden der erste Welpe geboren wird.

WAS SIE FÜR DIE GEBURT ZURECHTLEGEN SOLLTEN:

- Handtücher (zum Abrubbeln der Welpen)
- Papiertücher (um Blut und austretende Flüssigkeiten wegzuwischen)
- Schere
- Desinfektionsmittel
- Faden, evtl. Klemme (zum Abbinden der Nabelschnur)
- Digitalthermometer mit flexibler Spitze
- Waage (zur Feststellung des Welpengewichts)
- Wärmflasche
- Welpenmilchpulver (für den Fall, dass die Hündin keine Milch hat)
- Fläschchen
- Einmalspritzen (gibt's beim Tierarzt)
- Taschenlampe
- Notizblock und Stift (um den Zeitpunkt der Geburt jedes Welpen zu notieren)

ANZEICHEN, DASS ES BALD SOWEIT IST

Symptom	Zeit vor der Geburt
— Suche nach einem Geburtsplatz	4 Tage
— Haarausfall an der Bauchunterseite	4 Tage
— Milch im Gesäuge	2 Tage
— Vermehrter Urin- und Kotabsatz	2 Tage
— Unruhe	24 Stunden
— Vermehrte Anhänglichkeit	24 Stunden
— Abfall der Körpertemperatur um mindestens ein Grad	24 Stunden
— Zittern	12 Stunden
— Hecheln	12 Stunden
— Lecken an der Vulva	12 Stunden
— Lautäußerungen	8 Stunden
— Seitliches Liegen mit gestreckten Beinen	2 Stunden
— Heben der Rute	1 Stunde
— Kontraktion des Aftermuskels	1 Stunde

VORBEREITUNGSPHASE

Und plötzlich geht es los: Die Geburt fängt an. Eine Hundegeburt verläuft in vier Phasen, wobei wir äußerlich von der ersten und der letzten Phase nicht viel bemerken. Diese erste, meist nicht sonderlich spektakuläre, und vom Züchter mitunter auch kaum bemerkte Phase, wird durch Hormone in den Nebennieren der Föten ausgelöst. Es ist sozusagen das „Wir-sind-soweit"-Signal. Wichtig für Sie als Züchter: Je mehr Welpen die Hündin inne hat, desto mehr Hormon wird ausgeschüttet und desto früher beginnt deshalb die eigentliche Geburt. Bei Rassen mit wenigen Welpen dauert die Vorbereitungsphase deshalb oft sehr lange, mitunter mehrere Tage. Sind alle Föten abgestorben (was leider auch vorkommt), wird die Geburt gar nicht eingeleitet. Während dieser Phase schwellen die Vulva und das Gesäuge an, manche Hündinnen sind unruhig, hecheln und zittern und fangen an, Nester zu bauen oder buddeln.

Wichtig: Sollte bei Ihrer Hündin tatsächlich der Fall eintreten, dass die Welpen abgestorben sind, werden Sie es am Verhalten der Hündin merken. Mögliche Sympthome sind Fieber, harter Bauch, Hecheln, Erbrechen und Scheidenausfluss. Bringen Sie sie sofort zum Tierarzt!

ÖFFNUNGSPHASE

Diese Phase beginnt etwa 18 bis 30 Stunden vor der eigentlichen Geburt: Die Hündin hat in noch unregelmäßigen Abständen Wehen, durch die der Gebärmutterhals geweitet wird, und durch den Druck der Welpen öffnet sich der Muttermund. Bei manchen Hündinnen sieht man klaren, leicht zähen Schleim abgehen. Das ist noch kein Fruchtwasser, sondern der Schleimtropf, der den Muttermund verschlossen hat.

Wichtig: Die Öffnungsphase ist – gerade für junge Hündinnen – eine sehr empfindsame Phase, in der Sie als Züchter vor allem für Ruhe und Geborgenheit sorgen sollten. Denn Stress zu diesem Zeitpunkt kann zu Verzögerungen im Geburtsablauf führen.

AUSTREIBUNGSPHASE

Das ist die spannendste Phase der Geburt. Und grundsätzlich gilt: Lassen Sie die Hündin in Ruhe. Sie macht das schon! Legen Sie gegebenenfalls noch ein paar Handtücher und Latex-Handschuhe bereit, nur für den Fall, dass Sie doch helfen müssen.
Und ganz wichtig: Unterschätzen Sie Ihre eigene Aufregung und Nervosität nicht! Legen Sie die Telefonnummer des Tierarztes oder eines befreundeten Züchters parat, der Ihnen mit seiner Erfahrung zur Seite steht. Außerdem: Die Geburt Ihrer Welpen ist kein Happening, zu dem man Freunde oder Nachbarn einladen sollte. An der Wurfkiste haben tatsächlich nur der Hündin sehr vertraute Menschen was zu suchen.

Die Austreibungsphase beginnt mit dem Eintreten des ersten Welpen in den Geburtskanal. Durch die Wehentätigkeit wird der Welpe Richtung Ausgang geschoben. Dabei werden am Vaginaldach Druckrezeptoren ausgelöst, die Nervenreize an ein Gehirnareal senden, das daraufhin Oxytocin ausschüttet. Das fördert die Wehentätigkeit. Denn um den Welpen zu gebären, reicht die Wehentätigkeit der Gebärmutter nicht, die Hündin muss außerdem aktiv pressen. Deshalb setzen kurz nach den Austreibungswehen die sogenannten Presswehen ein. Viele Hündinnen stützen ihre Hinterbeine dazu ab oder hocken sich hin. Sollten Sie also sehen, dass Ihre Hündin Widerstand sucht, aber nicht findet, halten Sie ihr ruhig Ihr Bein, ein Brett oder was immer Sie auf die Schnelle finden, hin. Während der Geburt beleckt sich die Hündin außerdem immer wieder die Vagina, auch dies fördert die Wehentätigkeit.

Welpen sind ein kleines Paket mit doppelter Verpackung, sprich zwei durch Flüssigkeit voneinander getrennten Fruchthüllen. Die äußere Fruchthülle („Allantois") enthält mengenmäßig mehr Flüssigkeit. Sie dient als embryonale Harnblase und zerreißt während des Geburtsvorgangs in der Scheide, das abgehende Fruchtwasser macht den Geburtskanal gleitfähiger.

Die innere Fruchthülle („Amnion") ist sozusagen die Verpackung, in der der Welpe „geliefert" wird. Diese Hülle nennt man auch „Kopfkappe" oder „Schafshaut" – und sie muss gleich nach der Geburt zerrissen, der Welpe also „ausgepackt" werden. Drei Möglichkeiten:

— Die Hülle zerreißt von allein (passiert manchmal, ist aber nicht die Regel)
— Die Mutterhündin zerbeißt die Hülle (das ist der natürliche, instinktgesteuerte Weg)
— Sie greifen als Geburtshelfer ein und zerreißen die Hülle mit den Fingern. Beeilen Sie sich! Spätestens 15 Sekunden nachdem Sie gesehen haben, dass Ihre Hündin das Konzept „Auspacken und Abnabeln" nicht verstanden hat, sollten Sie loslegen. Denn wenn der Welpe zu lange „verpackt" bleibt, erstickt er.

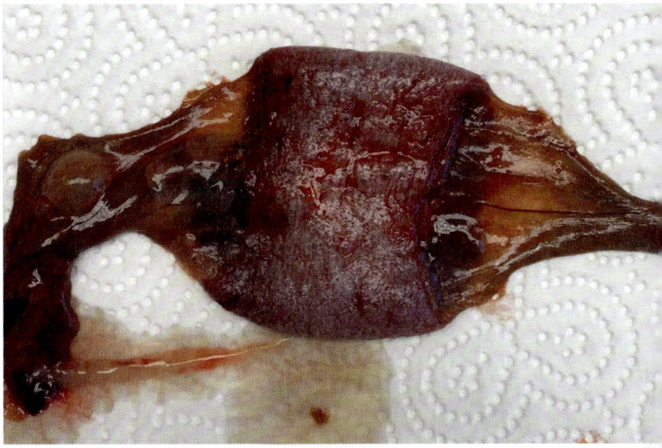

Der Hund hat eine sog. Gürtelplazenta

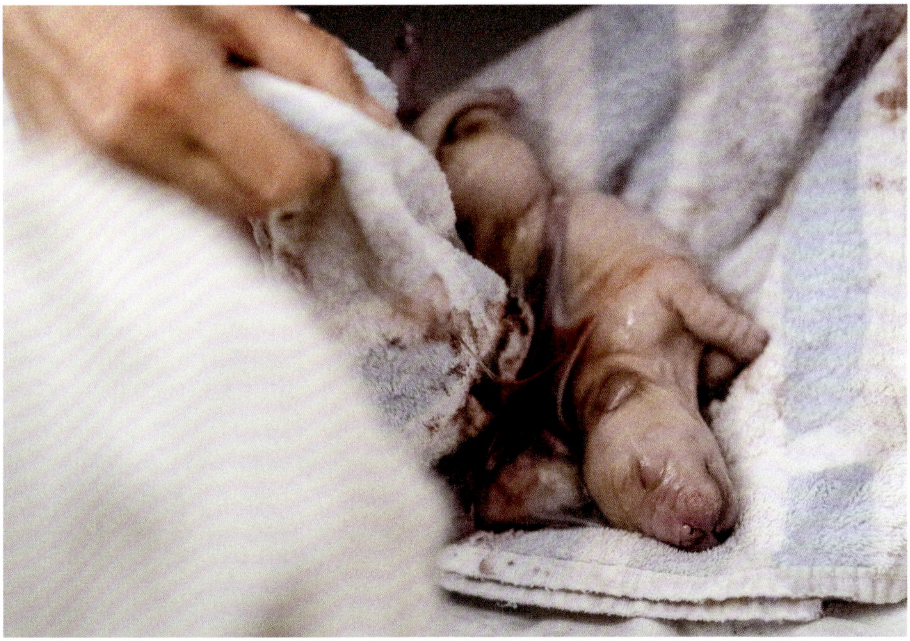

Das erste „Paket" ist angekommen und wird von der Fruchthülle befreit.

Ist er geboren, beginnt die Hündin sofort, den nassen Welpen abzulecken. Zum einen entfernt sie dadurch die aufgerissene Fruchthülle und die Nässe rund um die Atemwege. Denn in dem Moment, in dem der Welpe buchstäblich „zur Welt" kommt, wird seine Blutversorgung über die Nabelschnur unterbrochen und er „schaltet um" auf Lungenatmung. Wenn er bei seinem ersten Atemzug nämlich gleich Flüssigkeit in die Atemwege bekommt, führt das nur zu Problemen, im schlimmsten Fall zu einer Lungenentzündung. Sollte die Hündin das nicht tun, müssen Sie wieder eingreifen. Nehmen Sie das Handtuch, wickeln den Welpen darin ein, machen Sie ihn sauber, rubbeln Sie ihn sanft trocken und legen Sie ihn der Mutter an die Zitzen.

Etwa fünf bis 15 Minuten nach der Geburt scheidet die Hündin die Plazenta und die Reste der Fruchthüllen aus. Die Plazenta frisst sie in der Regel auf, das Fruchtwasser wird sie auflecken. Wichtig für die Buchhaltung: Zählen Sie die Plazenten, damit Sie später sicher sein können, dass alle Plazenten aus dem Körper heraus sind.

Dieses war der erste Streich, und der zweite ...

Die Gebärmutter des Hundes hat die Form eines Ypsilons. Das heißt, es gibt zwei „Gebärmutter-Hörner" aus denen die Welpen abwechselnd ausgetrieben werden. Rechts, links, rechts. Und da die bereits geborenen Welpen instinktiv die Zitzen ansteuern und anfangen, daran zu saugen, muss die Hündin gleichzeitig stillen, gebären, auspacken und ablecken. Das ist ziemlich anstrengend. Bieten Sie der Hündin zwischendurch Wasser an und sorgen Sie für Ruhe.

NACHGEBURTSPHASE

Zu jedem Welpen gehört eine Nachgeburt. Sie besteht aus der Plazenta sowie Resten der Fruchthüllen und wird im besten Fall gemeinsam mit dem Welpen aus dem Mutterleib gepresst. Manchmal aber löst sich die Nachgeburt nicht vollständig aus der Gebärmutterschleimhut und die Nabelschnur reißt bereits in der Gebärmutter. Dann kommt der Welpe zwar raus, die Nachgeburt aber bleibt stecken. Wenn sie jetzt den Weg für den nachfolgenden Welpen verstopft, kann das zu einer Geburtsstörung führen.
Daher: Achten Sie darauf, dass Sie zu jedem bereits geborenen Welpen auch eine Nachgeburt gezählt haben!*

***Tatsächlich gibt es beim Hund eineinige Zwillinge, die sich eine Nachgeburt teilen. Sie sind aber sehr selten.**

In der Regel frisst die Hündin die Nachgeburt auf. Das ist ein instinktgesteuertes Verhalten, das in der freien Natur durchaus Sinn macht („Nest" sauber halten, Verhindern, dass Fressfeinde angelockt werden), bei Haushunden aber nicht unbedingt notwendig ist. Tatsächlich gibt es unter Züchtern eine lebendige Diskussion zum Thema „Nachgeburt fressen". Es wird nämlich vermutet, dass die von der Hündin aufgefressenen Nachgeburten bei den von ihr gesäugten Welpen zu Durchfall führen kann. Wichtig dabei ist das Wort „vermutet". Beweise dafür gibt es nämlich noch nicht.
Tipp der Tierärztin: Gehen Sie den Mittelweg und lassen Sie die Hündin nur zwei bis drei Nachgeburten fressen.
An die Nachgeburtsphase schließt sich das Puerperium oder Postpartale Phase der

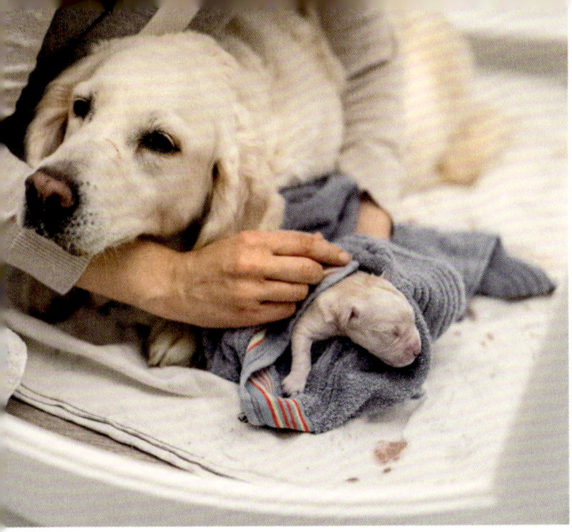

01

02

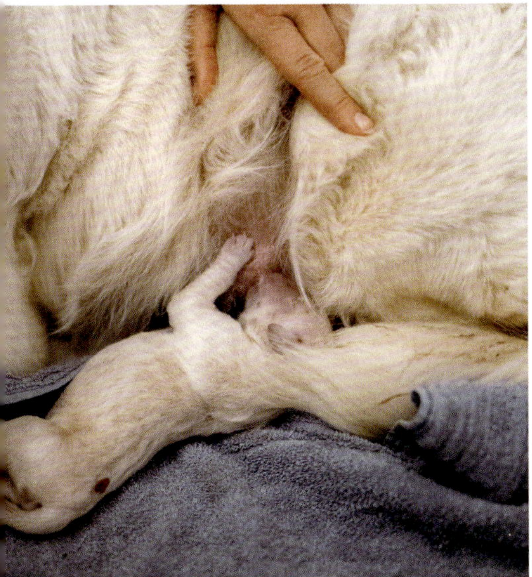

03

Hündin an. Das ist ein etwa vier bis sechs Wochen andauernder Zeitraum, in dem sich alle durch die Trächtigkeit und Geburt gedehnten Organe, Bänder und Gelenke wieder in ihre „nicht-trächtige" Größe und Position zurückbilden und die Gebärmutterschleimhaut abgebaut wird. Die Hündin hat deshalb bis zu vier Wochen nach der Geburt Vaginalausfluss, der zunächst grünlich-bräunlich und später heller und rötlich wird.

MÖGLICHE MASSNAHMEN NACH DER GEBURT

- Hündin vom Tierarzt untersuchen lassen, um zu sehen, dass alle Welpen geboren wurden und alle Nachgeburten draußen sind.
- Gesäuge der Hündin kontrollieren. Lässt sich aus allen Zitzen Milch ausmelken? Wie fühlt sich das Gesäuge an? Sollte es sich hart anfühlen, kann das ein Anzeichen für eine beginnende Gesäuge-Entzündung sein.
- Wiegen Sie jeden einzelnen Welpen direkt nach der Geburt. Das Gewicht dient später zur Kontrolle seiner Entwicklung.

01 Ein Welpe nach dem anderen wird sanft abgetrocknet.

02 Das Geburtsgewicht wird ermittelt und notiert.

03 Dann dürfen die Welpen das erste Mal trinken.

TROUBLESHOOTING AN DER WURFKISTE

Angenommen, der Welpe ist geboren, aber die Hündin weiß nicht, was sie tun soll. Die innere Fruchthülle, in der der Welpe geboren wird, ist wie eine relativ zähe Wurstpelle, die man mit dem Finger einreißen muss, um sie zu öffnen,
Sie haben nicht viel Zeit! Also zögern Sie nicht! Wenn der Welpe geboren ist, setzt sehr schnell der Atemreflex ein und mit einer Haut über der Nase kriegt der Welpe keine Luft und erstickt!
Entfernen Sie zuerst die Amnionhaut über der Nase, den Rest des Welpen können Sie später freilegen.
Wichtig: Hülle entfernen reicht nicht, stellen Sie sicher, dass keine Schleim- oder Fruchtwasserreste in der Nase oder im Maul stecken. Im Klartext: Nase und Maul mit einem Tuch säubern oder auch den Welpen absaugen, um Schleim aus der Nase zu entfernen. Dazu können sie eine kleine Spritze mit einer Ernährungssonde verwenden, die Sie in die Nase stecken, am schnellsten geht es aber, wenn Sie die Nase des Welpen in den Mund nehmen und vorsichtig saugen. Das ist zwar nicht jedermanns Sache, aber keiner hat gesagt, dass eine Geburt spaßig ist.
Möglichst gleichzeitig sollten Sie den Welpen abnabeln, falls die Hündin das nicht übernimmt. Nebenbei müssen Sie sicherstellen, dass der Welpe auch noch atmet. Dazu sollte die Hündin ihn ablecken, tut sie das nicht, müssen Sie den Welpen vorsichtig abrubbeln.

WELPEN ABNABELN

1. NABELKLEMMEN FÜR WELPEN

Gibt es im Handel in verschiedenen Größen und sie werden von vielen Züchtern verwendet. Diese Plastikklemmen sind auch für Ungeübte gut zu handhaben, haben aber auch Nachteile: Zum einen sind sie auch in der kleinen Ausführung relativ groß, und zum anderen „montieren" viele Hündinnen die Klemmen ab und reißen damit automatisch den Nabelstumpf ab, was zu Infektionen führen kann. Und: Mitunter bleiben die Welpen damit hängen und verletzen sich.

2. NABEL ABBINDEN

Der Nabelstumpf, der am Welpen verbleibt, darf nicht zu lang sein, sonst wickelt er sich womöglich um die Gliedmaßen und kann schlimmstenfalls zu Abschnürungen führen. Zu kurz darf er aber auch nicht sein, sonst kann man ihn nicht mehr abbinden. Ideal ist eine Länge von ca. zwei bis drei Zentimeter, je nach Größe des Welpen.
Zum Abbinden kann man ungewachste Zahnseide oder Nahtmaterial für Wunden nehmen, dass sich auflöst, manche verwenden auch Nähfäden.
Ob man vor dem Durchtrennen des Nabels eine Klemme anlegt, damit es nicht aus dem Nabel blutet, ist Geschmackssache – ich tue es nicht, weil ich das Handling mit der Klemme, dem Faden und dem zappelnden Welpen umständlich finde, zumal wenn ich allein bin bei der Geburt.

WICHTIG! DIE ZWEI-STUNDEN-REGEL

In der Regel sollten die Welpen im Abstand von maximal zwei Stunden geboren werden. Ist dieses Zeitintervall länger, rufen Sie Ihren Tierarzt an.

Ich verwende zum Abbinden resorbierbares geflochtenes Nahtmaterial, das knotet sich nämlich sehr gut, ist relativ weich, sodass es den Welpen nicht piekst.

NIX GEHT MEHR!

ANREGUNG DER WEHENTÄTIGKEIT

Wenn die Pause zwischen zwei Welpen zu lange dauert, kann man mit relativ einfachen Verfahren versuchen, die Wehentätigkeit wieder in Gang zu bekommen.

Hündin laufen lassen, Bewegung hilft. Taschenlampe nicht vergessen! Geburten finden meistens nachts, wenn es regnet, statt und dann verschwindet die Hündin auch mal hinter einem Busch und „verliert" dabei einen Welpen. Deshalb benötigen Sie die Taschenlampe, kleiner Tipp: Die Handy Taschenlampe reicht nicht aus! Damit finden Sie nachts nichts.
Durch manuelle Massage der Vagina kann man versuchen, die Wehentätigkeit anzuregen.

01

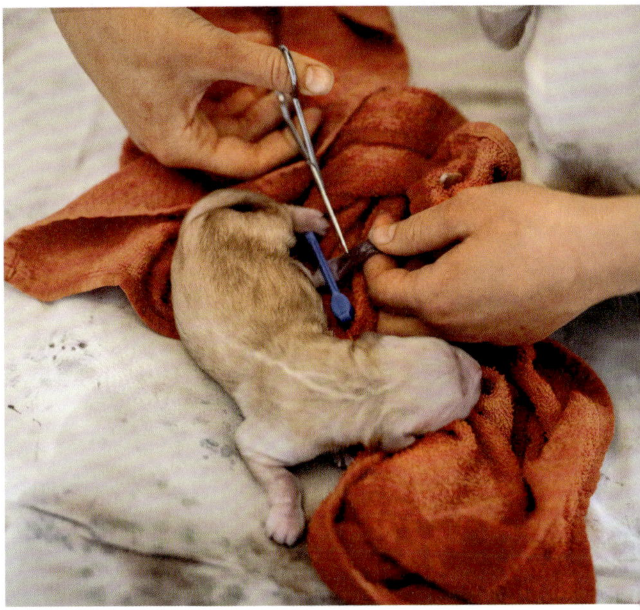

02

01 Die Hündin schleckt das Neugeborene sauber.

02 Die Nabelschnur wird abgeklemmt und anschließend mit einer Schere durchtrennt.

CALCIUMGABE

Wird sehr kontrovers diskutiert, ist aber eine gute Idee. Durch das Hecheln der Hündin unter der Geburt entsteht eine sog. respiratorische Alkalose, d. h, der pH-Wert des Blutes steigt minimal an, deshalb kann die Hündin Calcium in ihrem Blut für die Wehentätigkeit nicht mehr verwerten und eine Calciumgabe kann das Problem lösen. Am besten geeignet sind Calcium-Präparate zum Trinken, z. B. Calcium-Frubiase oder Ähnliches.

OXYTOCIN

Finger weg von Oxytocin, dem Kuschelhormon! Der Züchter möchte eine möglichst rasche Geburt, bei der die Welpen schnell nacheinander geboren werden, die Hündin und auch die Welpen in der Gebärmutter brauchen aber Erholungspausen, deshalb kann sich eine Hundegeburt ganz schön lange hinziehen. Manchmal wird Oxytocin empfohlen ...
Oxytocin wird im Gehirn gebildet und macht glücklich, stimuliert aber auch die Wehentätigkeit und ist bei manchen Züchtern sehr beliebt, weil damit der Geburtsprozess beschleunigt werden kann. Die Medaille hat aber auch eine Kehrseite: Es darf niemals vor dem ersten Welpen gegeben werden, die Dosierungen, die im Internet kursieren, sind viel zu hoch und es müssen Lagehindernisse, wie Querlagen, Nachgeburtsverhaltungen und Ähnliches ausgeschlossen werden, bevor man es einsetzt. Außerdem kann eine erschöpfte Gebärmuttermuskulatur überhaupt nicht mehr auf das Hormon reagieren.
Daher: Oxytocin hat in Züchterhand nichts zu suchen.

WARNSIGNALE, WANN SIE ZUM TIER-ARZT MÜSSEN

- Störungen des Allgemeinbefindens der Mutter (Erbrechen, Zittern, Krämpfe)
- Ausfluss aus der Scheide (Blut, Eiter, grünliche Flüssigkeit vor Geburt des ersten Welpen)
- 24 Stunden nach Temperatur-Absenkug ist noch kein Welpe geboren
- Sie sehen länger als fünf Minuten Fruchtteile in Scheide, ohne dass ein Welpe geboren wird.
- Die Geburt dauert bereits 24 Stunden, ohne dass ein Welpe geboren wird
- Andauerndes Pressen
- Zeitspanne zwischen der Geburt zweier Welpen überschreitet zwei Stunden
- Permanentes Bauchpressen über mehr als eine halbe Stunde, ohne Geburt eines Welpen
- Übergangene Geburt. Wenn die Trächtigkeit mehr als 72 Tage dauert

Fazit eines Tierarzt-Lebens: Jede Geburt ist anders!

Bei Geburten gibt es keine Routine, auf die man sich als Züchter einstellen könnte. Was es gibt, das sind Erfahrungen. Die helfen einem weiter, wenn es mal nicht so gut gut läuft, grundsätzlich aber erfordert jede Geburt aufs Neue kreative Lösungen – und vor allem Mut! Denn oft gibt es kein Regelwerk, das einem sagt, was richtig und was falsch ist. Häufig muss man schnell und aus dem Bauch heraus entscheiden, kreativ sein und auch die Stärke haben, einfach mal abzuwarten.

MYTHEN RUND UM DIE GEBURT

Kommt ein Jäger in die Welpenstube: „Welcher ist zuerst geboren? Den nehm ich, das ist ein Kopfrüde!" Die Situation ist fiktiv, ungewöhnlich aber ist sie nicht. Rund um die Geburt gibt es eine ganze Reihe von Erzählungen, die aus biologischer Sicht Quatsch sind.

Geschafft! Alle Welpen sind da, abgenabelt und haben bereits getrunken.

„Ein Welpe, der mit dem Hintern zuerst rauskommt, da ist was nicht okay!"

Stimmt nicht! Tatsächlich glauben viele Züchter, dass eine Vorderendlage besser sei, weil die Welpen dann besser durch den Geburtskanal kämen. Das aber ist ein Irrglaube.

Ein paar Fakten: Statistisch werden etwa 50 Prozent der Welpen in Vorderendlage geboren, die andere Hälfte kommt in Hinterendlage zur Welt. Und das ist von der Natur auch durchaus so gewollt. Denn die Föten sind in ihren Fruchthüllen walzenförmig und der Schultergürtel ist üblicherweise nur minimal breiter als der Kopfdurchmesser. Außerdem verläuft die Eigenbewegung der Welpen bei der Geburt vom Kopf über Hals, den Thorax zum Rumpf, also in einer Längsbewegung. Es ist deshalb ziemlich egal, wie rum er liegt. Nur quer darf er sich nicht stellen.

„Die Erstgeborenen Welpen sind fitter als die danach Geborenen"

Der Geburtsvorgang ist stressig, und „ja", der Gedanke, dass die länger im Mutterleib verbleibenden Welpen diesen Stress mitbekommen, der sie körperlich schwächt, liegt nahe und ist auch schon Tierärzten gekommen. Die nahmen daraufhin für eine Studie Blutproben neugeborener Welpen und analysierten sie. Ergebnis in allen Fällen: Egal ob erster oder letzter Welpe, die Werte stimmten überein. Die Erklärung: Hunde haben eine Y-förmige Gebärmutter, mit zwei Uterushörnern, die abwechselnd kontrahieren und auch nur an der Frucht, die gerade durch den Geburtskanal muss. Wäre das nicht so, würden sich bereits bei der Geburt des ersten Welpen bei den weiter hinten liegenden Früchten die Plazenten lösen und alle würden an Sauerstoffmangel sterben. Daher: Wer noch nicht dran ist, kriegt auch nichts mit.

„Oh Gott, das Fruchtwasser ist grün, jetzt ist Gefahr in Verzug!"

Nein! Bleiben Sie ruhig, grünes Fruchtwasser ist kein Anzeichen für Probleme, sondern vollkommen normal. Tatsächlich ist das aus der Vulva austretende Fruchtwasser (Alantoisflüssigkeit) nur beim ersten Welpen klar. Denn nach seiner Geburt löst sich der Mutterkuchen (die Plazenta), durch den der Embryo mit dem Blutkreislauf der Mutter verbunden war, Nährstoffe und Sauerstoff bekommen hat, von der Gebärmutterwand. Dabei öffnen sich sogenannte „Randhämatome", die das Fruchtwasser aller nun folgenden Welpen grün färben.

WURFKISTE

Hunde gebären ihre Welpen gerne in einem geschützten Raum. Da die Welpen blind, taub und auch sonst völlig unselbstständig sind, sind sie dort auch gut aufgehoben. Als Wurfkiste eignet sich so ziemlich alles, was den Welpen einen sicheren Rückzugsort bietet, allerdings sollte der Züchter auch leicht an die Welpen drankommen. Es gibt im Handel viele Wurfkisten zu kaufen, Anleitungen zum selber basteln, manche Züchter verwenden aufblasbare Kinderplanschbecken und für kleinere Hunderassen ist auch eine große Transportbox ausreichend.

WAS SOLLTE DIE WURFKISTE KÖNNEN?

- Sicherer Rückzugsort für Welpen und Hündin
- Ausreichend hohe Umrandung, damit die aktiver werdenden Welpen nicht drüberkrabbeln können
- Abdeckung von oben
- Wärmezufuhr von unten: z. B. Heizmatte für Reptilien, Wasserbettheizungsmatte, Heizungssystem mit verschiedenen Wärmestufen für Wurfboxen, „Snuggle safe" Heizkissen für die Mikrowelle oder Ähnliches
- Ein „Überrollbügel", eine Abstandshalterleiste, die an den Seiten befestigt ist, darunter können sich die Welpen zurückziehen, wenn sie eine ungestüme Mutter haben. Das schützt sie davor, von einer ungeschickten Hündin erdrückt zu werden.

Nicht alle Hündinnen wollen das Gleiche, manche akzeptieren die Wurfbox nicht und ziehen den Wäschekorb oder den Kleiderschrank als Geburtsbett vor. Meistens kann man die Hündin aber überreden, später in die Wurfkiste umzuziehen.

Wenn die Hündin in der Wurfkiste sehr unruhig ist und womöglich versucht, die Welpen wegzutragen, gefällt ihr die Wurfkiste nicht. Manchmal hilft es schon, eine Höhlensituation zu schaffen, indem man die Kiste von oben abdeckt oder einfach den Rollladen herunterzulassen, damit es dunkler wird.

GEWICHTSENTWICKLUNG DER WELPEN

Wiegen Sie jeden Welpen direkt nach der Geburt und wiegen Sie jeden Welpen danach möglichst immer zur gleichen Tageszeit. Zehn Prozent Gewichtsverlust der Welpen in den ersten 24 Stunden sind in Ordnung. Die Welpen sind direkt nach der

UMGEBUNGSTEMPERATUR IN DER WURFKISTE

Ein Welpe kann erst mit ungefähr 4 Wochen seine eigene Temperatur regulieren. Deshalb muss er gewärmt werden (mit einer Heizplatte, Wasserbettheizung, speziellen Heizung für Wurfkisten aber NICHT mit einer Rotlichtlampe, weil die die Welpen austrocknet).

1. Woche	28–32 °C
2. und 3. Woche	24–26 °C
ab der 3. Woche	20–22 °C

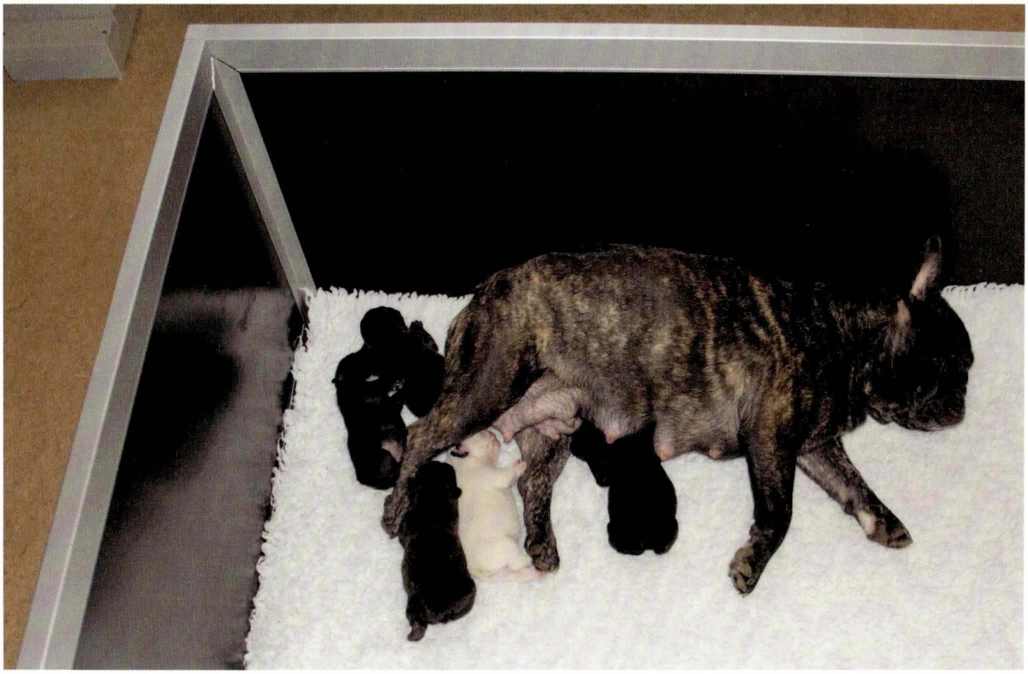

01

01 *Eine Wurfkiste mit Fußbodenheizung ist ideal.*

02 *Welpen können mit ungiftigen Farbstiften gekennzeichnet werden, wenn man sie nicht auseinanderhalten kann.*

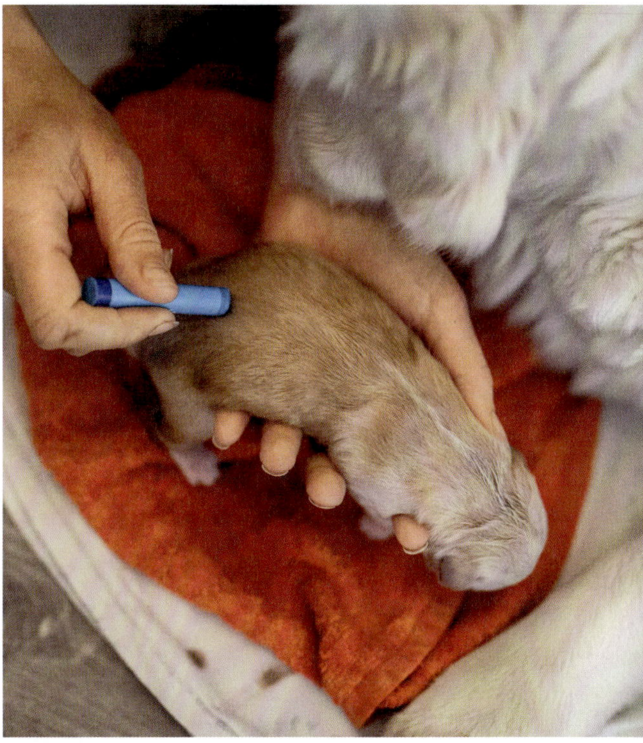

02

Geburt nass und werden leichter, wenn sie trocknen. Außerdem setzen sie nach der Geburt Kot und Harn ab.

Das Geburtsgewicht der Welpen sollte sich nach acht bis zehn Tagen verdoppelt haben. Am Ende der 2. Lebenswoche sollte der Welpe das drei- bis vierfache seines Geburtsgewichts erreicht haben.
Die Tageszunahme des Welpen in Gramm sollte dem zwei- bis dreifachen Körpergewicht der Eltern in Kilogramm entsprechen. Rechenbeispiel: Mutter wiegt 20 Kilogramm, dann sollte der Welpe 40 bis 60 Gramm pro Tag zunehmen.

DIE WELPEN

— Entwicklung und Herausforderungen

WENN DIE WELPEN DA SIND

Wenn die Welpen geboren sind, alle fit und gesund, ist Ihr erster Job, sich um die Mutter zu kümmern – denn sie kümmert sich in den ersten drei Wochen allein um die Welpen. Füttern, säubern, den Kreislauf stimulieren – Mutti macht alles. Im Gegenzug kümmern Sie sich um sie. Sie hat einen erhöhten Futterbedarf (siehe Seite 29ff.) und braucht jemanden, der dafür sorgt, dass sie sich nicht übernimmt. Denn die Welpen sind ein 24-Stunden-Job und ab und zu muss sie aufstehen, sich bewegen, trinken, recken und strecken. Alles was ihr gut tut, soll jetzt sein.

TAGESROUTINE

Außerdem müssen Sie eine Tagesroutine entwickeln. Die Welpen täglich und am besten zur immer gleichen Uhrzeit wiegen (siehe Seite 45), um ein Bild über deren Entwicklungsstand zu bekommen und vielleicht zu sehen, wer zurückbleibt und wem sie unter Umständen helfen müssen, zum Beispiel, indem Sie ihm einen Platz an der Zitze sichern. Und bewahren Sie Ihr Gewichtsprotokoll auf. Sollte es nämlich – und keiner wünscht es Ihnen, aber die Zeiten sind verrückt – später mit einem der künftigen Welpenbesitzer Ärger geben, der eventuell sogar vor Gericht endet, müssen Sie unter Umständen beweisen, dass Sie sich bei der Aufzucht der Welpen Mühe gegeben haben. Solche Protokolle helfen dabei.

Wenn Sie Freunde, Nachbarn oder Welpeninteresenten haben, die „nur mal schnell" gucken wollen, vertrösten Sie sie. Denn tatsächlich sollte es in den ersten drei Wochen

Anfangs ist Ruhe für die Welpen und ihre Mutter wichtig.

Der Nährstoffbedarf der laktierenden Hündin ist besonders hoch.

allein um die Hündin und die Welpen gehen. Und wundern Sie sich bitte nicht, wenn Ihre Hündin plötzlich eine massive Wesensänderung an den Tag legt und Menschen, zu denen sie keine enge Bindung hat, gegenüber drohend reagiert, sobald die sich der Welpenbox nähern. Sie ist jetzt eine Mutter. Ihren Nachwuchs zu beschützen (und das tut sie) gehört zu ihrem Job. Daher: Ruhe in der Welpenstube!

Tatsächlich hilft Ihnen die Ruhe auch, sich mit Ihrem Wurf vertraut zu machen und jeden Welpen genau beobachten und kennenlernen zu können. Denn denken Sie dran: Die ersten drei Wochen, das ist die vegetative Phase, der Zeitraum, in dem der ja vollkommen „unfertig" geborene Körper des Welpen nachreift, sich entwickelt und ausbildet. Jetzt haben Sie buchstäblich noch die Chance, auf den „Bauplan" der Hunde positiv Einfluss zu nehmen (siehe „Super Dog-Programm", Seite 58).

Jetzt ist aber auch die Zeit, in der Welpenerkrankungen auftreten. Und an denen ist alles problematisch, weil die Körper der Neonaten ja noch so unfertig und empfindlich sind und man ihnen so schlecht helfen kann. Und ganz davon abgesehen, dass das diagnostische Mittel der Blutentnahme bei so jungen Hunden fast unmöglich ist, gibt es tatsächlich nur sehr wenige Tierärzte, die sich mit so jungen Hunden auskennen. Daher: Beobachten Sie jeden einzelnen Welpen! Wenn die Gewichtsentwicklung stagniert oder er plötzlich sogar abnimmt, ist das ein Alarmzeichen. Fehlende Saugreflexe, längeres Schreien, blasse Schleimhäute, eine schlappe Körperhaltung ... all das sind Sym-

Ab der dritten Lebenswoche werden die Welpen aktiver und neugieriger.

ptome, das etwa nicht in Ordnung ist. Und je früher Sie es merken, desto besser sind die Chancen, helfen zu können.

Am Ende der dritten, Anfang der vierten Woche kommt langsam Leben in die Bude. Die Muskulatur der jungen Hunde kann das eigene Körpergewicht tragen, aus dem Krabbeln wird ein stockeliges Laufen, Augen und Ohren sind geöffnet, die Welpen reagieren aufeinander – jetzt können Sie das Welpenzimmer öffnen, denn auch die Mutterhündin wird gegenüber Besuchern toleranter sein.
Außerdem hat sich Ihr Job als Züchter verändert: Vom Butler der Mutter, zum Leiter der Reinigungskolonne. Achten Sie auf Sauberkeit, denn irgendwer kotet und pinkelt immer, und die Welpen haben durch die Mutter zwar einen gut funktionierenden Immunschutz, tatsächlich aber sind die Kleinen gegenüber Infektionskrankheiten empfindlich.

Alles, was Sie jetzt mit den Welpen tun, ist gut und trägt zu ihrer sozialen Entwicklung bei: Streicheleinheiten, Nähe zu Menschen, Stimmen. Irgendwann wird die Wurfkiste zu klein, bzw. die Welt außerhalb der Kiste lockt, die ersten Ausbruchsversuche werden unternommen, und sehr bald stehen die ersten Ausflüge in den Garten auf dem Pro-

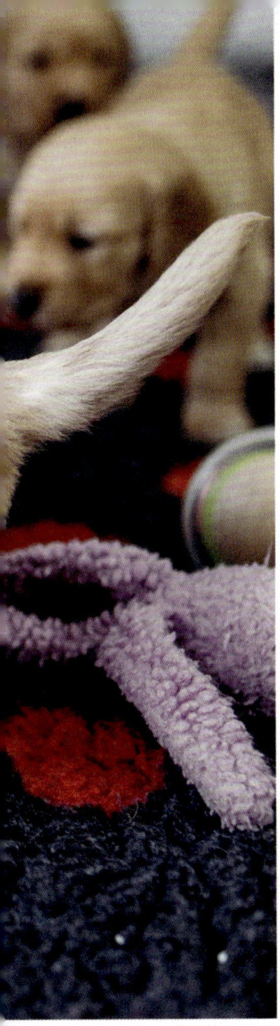

Jetzt interagieren sie immer mehr untereinander und üben Sozialverhalten.

gramm. Ist das Wetter schön, sollten Sie die Chance auf jede Minute draußen nutzen und der Truppe draußen ein umzäuntes Quartier einrichten. Das gibt Ihnen auch die Möglichkeit, im Welpenzimmer mal richtig sauber zu machen.
Sie sind jetzt übrigens auch Kindergärtner, und je nachdem, welche Rasse Sie züchten, werden Sie im Laufe der nächsten Wochen sehen, dass „einen Sack Flöhe zu hüten" tatsächlich noch nicht die Spitze der Unübersichtlichkeit darstellt. Deshalb ein guter Tipp: Sollten Sie – weil Sie zum Beispiel jagdlich züchten – einen Welpenausflug zu einem Teich, eine besondere Stelle im Revier oder auch nur auf den Schießstand machen, nehmen Sie ausreichend „Aufsichtspersonen" mit. Allein werden Sie der Situation kaum Herr …
Genug „Begleitpersonal" brauchen Sie auf jeden Fall auch, wenn Sie die Truppe in der achten Woche zum Chippen, Impfen und zur Blutentnahme (manche Rasseclubs archivieren von jedem Welpen eine Blutprobe) zum Tierarzt bringen. Machen Sie das bitte nicht, ohne vorher einen Termin vereinbart zu haben, denn Chippen in Übereinstimmung mit den Ahnentafeln und dem Heimtierausweis ist eine logistische Herausforderung, bei der Ihnen der Tierarzt dankbar sein wird, wenn jemand die Rasselbande unterm Tisch in Schach hält.

SOZIALISATION DER WELPEN

Wie gelingt ein guter Start ins Leben? Sozialisation, das ist ein großes Wort. Wenn ein Hund sich anderen Hunden gegenüber irgendwie daneben benimmt, gar beißt oder im Zusammenleben mit Menschen irgendwie auffällig wird, heißt es in der Regel: „Der ist nicht richtig sozialisiert." Und nicht selten suchen die Besitzer dann nach Erklärungen, und die leichteste lautet: „Ja, der kommt aus schlechten Verhältnissen."
Da macht man es sich natürlich sehr leicht, denn wie die meisten Züchter wissen: Zum Problemhund machen die Besitzer das Tier. Tatsache aber ist: Sozialisation ist ein lebenslanger Prozess (auch bei uns Menschen) und als Züchter legen wir den Grundstein. Schließich sind wir die ersten Menschen, mit denen unser Wurf zusammenkommt. Mit uns sammeln die Welpen ihre ersten Erfahrungen und je besser wir sind, desto leichter fällt dem Welpen ein erfolgreicher Start ins Leben.
Ein paar Worte zur Mutterhündin: Sie ist die wichtigste „Bezugsperson" für die Welpen, auch wenn diese mit drei Wochen selbstständiger und mobiler werden. Eine ängstliche Mutter wird ängstliche Welpen bekommen, denn das Verhalten der Mutterhündin wird von den Welpen imitiert und vielleicht sogar vererbt. Schon bei der Auswahl der Mutterhündin ist es deshalb gut, neben gefühlt ungefähr 100 Voraussetzungen, die eine Hündin erfüllen muss, darauf zu achten, eine charakterlich gefestigte, sichere Hündin auszuwählen. Denn sie ist das Vorbild für die Welpen und sie ist die erste, von der die Welpen lernen.

Noch mal kurz zur Erinnerung: Bis ein Wurf „läuft", dauert es nach unserer Erfahrung mindestens eine Woche. Es braucht tatsächlich Zeit, bis sich die tägliche Routine entwickelt hat. Manche Welpen sind schwächer als andere und brauchen Unterstützung, manche Erstlingsmütter sind unruhig und brauchen (auch wenn sie es selbst hinkriegen würden) anfangs zumindest Ihre emotionale Unterstützung ... Vergessen Sie bitte nicht, dass die erste Geburt für alle im Haus lebenden Menschen und Tiere eine tiefsitzende Erfahrung ist.

DIE NEONATALE PHASE

Die ersten vier Wochen werden als neonatale Phase bezeichnet. Hier können Sie sich tatsächlich darauf beschränken, den Wurf und die Mutter zu umsorgen. Aber auch dabei betreiben Sie bereits ein wenig Sozialisation: Sie werden die Welpen vom ersten Tag an in die Hand nehmen, um den Nabel zu kontrollieren, sie zu wiegen und vielleicht auch den After abzuwischen, wenn die Hündin etwas Schmutz übrig lässt. Nehmen Sie die Welpen jeden Tag in die Hand oder berühren Sie sie. Schauen Sie ins Maul, in die Ohren und „untersuchen" Sie die Pfoten. Das sind Dinge, die der Welpe nicht unbedingt prickelnd findet, aber je früher er sich daran gewöhnt, desto gelassener wird er im späteren Leben sein.
Diese Phase ist biologisch übrigens in drei weitere, sogenannte „Adaptationsphasen" unterteilt:

Gelassenheit wird schon ganz früh geübt.

1. ADAPTATIONSPERIODE: 0–24 STUNDEN NACH DER GEBURT

Diese Zeitspanne legt den Grundstein für die Überlebensfähigkeit des Neugeborenen. Sie ist besonders stressig für die Kleinen. Der Welpe wird geboren, seine Umgebung ist eine völlig andere als die in der mütterlichen Gebärmutter. Er beginnt zu atmen, er nimmt seine Umgebung reflektorisch war, d. h. er sucht die Zitze seiner Mutter, sein Darm und seine Nieren fangen an zu arbeiten, er beginnt seine Körpertemperatur zu regulieren (was ihm zunächst nicht so gut gelingt) und er hat Kontakt mit Bakterien aus der Umwelt. Das heißt, seine Atemwege und sein Darm werden von Keimen besiedelt. Die Darmtätigkeit beginnt, allerdings braucht der Neugeborene noch bis zur 3. Lebenswoche die Unterstützung der Mutter (Ablecken des Afters), um Kot abzusetzen. Außerdem sinkt seine Körpertemperatur auf circa 36 °C. Für den Welpen ist es ein enormer Energieaufwand, um die Temperatur auf einem niedrigen Niveau zu stabilisieren. Deshalb ist die schnelle Aufnahme der ersten Milch, dem Kolostrum, so wichtig. Durch sie bekommt er nicht nur Immunstoffe in den Körper, sondern auch Energie. Wenn das schiefläuft, kommt es zum auf Seite 78 beschriebenen Hypoglykämie-Hypothermie-Komplex.

Wenn Sie den Welpe in die Hand nehmen, findet bereits Sozialisation statt.

2. ADAPTATIONSPERIODE: 2.–14. LEBENSTAG

Die Lungen und Organe des Welpen reifen nach. Sein Nervensystem entwickelt sich. In dieser Phase zucken die Welpen sehr oft. Das hat nichts mit Krämpfen zu tun, sondern ist ein Zeichen für diese Nervenreifung. Zu Beginn seines Lebens zieht der Welpe seine Hinterbeine hoch, wenn man ihn an der Brust hochhält, man nennt das „Flexor-Dominanz“ (die Flexor sind die Beugemuskeln), weil seine Flexoren-Muskeln noch stärker sind als seine Streckmuskeln. Dieses Phänomen verschwindet und die Streckmuskeln nehmen ihre Arbeit auf, d. h. er lässt nun die Hinterbeine hängen (= Extensor-Dominanz). Die Wachphasen werden länger, gegen Ende dieser Periode öffnen sich die Augen und die Ohren des Welpen und der Welpe kann seine Körpertemperatur besser regulieren. Seine Körperkerntemperatur steigt auf 36,5 bis 37,5 °C.

3. ADAPTATIONSPERIODE: 15.–28. LEBENSTAG

Die Welpen werden zunehmend mobiler, ihre Muskulatur und ihr Stützgewebe entwickeln sich. Sie können sich bewusst in der Umgebung orientieren, können Dinge mit ihren Augen fixieren und setzen selbstständig Kot und Harn ab. In den Tagen davor wurde das durch das Lecken der Mutter ausgelöst. Die Körpertemperatur steigt auf 37,5 bis 38,5°C, die Welpen brauchen jetzt weniger Wärmezufuhr von außen und die Milchzähne brechen durch. Deshalb säugen jetzt viele Hündinnen ihre Welpen wesentlich widerwilliger als vorher.

Und nun wird es ein wenig verwirrend, denn die Zeit vom 12. bis zum 23. Tag wird von Biologen auch gerne als „Übergangsphase“ bezeichnet. Tatsächlich beschreibt sie ähnliche Vorgänge wie die 3. Adaptationsperiode, legt den Schwerpunkt aber eher auf das Verhalten der Welpen als auf die tatsächliche körperliche Entwicklung. Die Welpen fangen nämlich an zu kriechen, sowohl vorwärts wie rückwärts. Sie spielen mit ihren Geschwistern, sie knurren, wedeln mit dem Schwanz und zeigen Komfortverhalten wie Gähnen oder Lecken. In der Übergangsphase kommt also Leben in die Wurfkiste – und damit auch der Zeitpunkt, in dem Sie mit den Welpen etwas anfangen und mit der Sozialisation beginnen können.

Drei Tage alte Welpen. Die Regulation der Körpertemperatur ist für die Kleinen noch schwierig.

DIE SOZIALISATIONS-PHASE

Sie beginnt in der dritten bis vierten Woche und ist für das zukünftige Zusammenleben des Welpen mit Menschen und Hunden entscheidend. Jetzt kommt es auf Sie als Züchter an. Sperren Sie die Welpen nicht ein, sondern lassen Sie sie am täglichen Leben teilnehmen. Wenn Sie die Wurfkiste bisher in einem separaten Raum stehen hatten, stellen Sie sie ins Wohnzimmer, wo sich das tägliche Leben abspielt. Jetzt ist die Zeit gekommen, dem Welpen ein gutes Paket an Selbstvertrauen, Resilienz und Stresstoleranz mitzugeben. „Offiziell" endet sie etwa mit der 16. Woche, tatsächlich aber gibt es kein Ende, da Sozialisation ein lebenslanger Prozess ist und Hunde niemals aufhören zu lernen.

Warum aber setzen Verhaltensforscher dann einen Schlusspunkt in der 16. Woche? Dies hängt mit der Gehirnentwicklung des Welpen zusammen. Denn bis zur etwa 16. Woche hat das Gehirn seine endgültige Größe erreicht und die wichtigsten Verbindungen sind geknüpft. Natürlich lernt der Hund danach noch immer, aber was er bis zur etwa 16. Woche kennengelernt hat, das brennt sich unauslöschlich auf seiner „Festplatte" ein und wird niemals mehr vergessen – und im besten Fall sind es nur gute Erfahrungen. Im Umkehrschluss aber bedeutet es auch:

Was bis dahin versäumt wurde, kann nicht mehr nachgeholt werden.
Die Sozialisationsphase ist ein Lebensabschnitt, der die Weichen für das restliche Leben stellt und dementsprechend wichtig. In dieser Phase lernt der Welpe seine Umgebung wahrzunehmen und mit ihr zu interagieren. Er lernt, sich mit seiner Umgebung auseinanderzusetzen, lernt das Sozialverhalten gegenüber seiner Mutter, seinen Geschwistern und Menschen. Wächst ein Welpe in dieser Phase ohne oder mit negativen Erfahrungen gegenüber Menschen auf, wird es später schwer für ihn, entsprechendes Verhalten noch zu lernen. Das Motto: „Was Hänschen nicht lernt, lernt Hans nimmermehr!"

EMPFEHLUNGEN ZUR SOZIALISATION

Welpen, die in einer reizarmen Umgebung aufwachsen, werden in ihrem ganzen Leben weniger stresstolerant und zeitlebens ängstlich sein.
Schauen Sie auf Ihre Möglichkeiten, aber versuchen Sie, die Welpen so gut es geht mit dem Alltag zu verbinden. Im Klartext: Lassen Sie ihn lernen. Wichtiger Hinweis: Ihre Welpen werden in der Regel kaum Angst zeigen, sich unter Umständen aber kurz erschrecken. Das ist okay, sie dürfen eventuell aufkommende negative Gefühle aber nicht verstärken, indem Sie sie auf den Arm nehmen. Reagieren Sie einfach nicht, dann wird der Kleine schnell merken, dass das Geräusch normal ist.

— Bringen Sie ihn mit Kindern zusammen (Achtung: wenn die ihn an den Ohren ziehen, ihn unangenehm stupsen oder auf irgendeine Art ärgern, wird er hinterher sehr wahrscheinlich Kinder im Allgemeinen meiden).
— Öffnen Sie die Tür zum Welpenzimmer und gewöhnen Sie ihn an die Geräusche des Hauses: Töpfe klappern, die Geräusche von Haushaltsmaschinen, Türklingeln, Kinderlachen, Musik ... Wenn Sie Jäger sind, packen Sie den Wurf – samt Mutter! – ins Auto und fahren Sie zum Schießstand. Öffnen Sie die Fenster ein Stück und gehen Sie einen Kaffee trinken. Sind Sie Schäfer, bringen Sie den Wurf in den Stall.
— Fahren Sie mit den Welpen Auto. Die künftigen Welpenbesitzer werden es Ihnen danken, denn spätestens am Tag der Abgabe werden die Kleinen im Auto sitzen müssen. Die neuen Besitzer sind nervös, der Welpe nervlich auch angespannt (schließlich verliert er gerade alles, was er bisher kannte) und da wäre es gut, wenn er Autofahren schon kennt.
— Wenn Sie Freunde anderer Hautfarbe oder mit Behinderungen haben, bitten Sie sie vorbeizuschauen. Der Grund ist relativ einfach: Hunde, die das nicht kennen, sind von Menschen, die ein anderes Bewegungsbild oder auch eine andere Hautfarbe haben, meist irritiert und bellen sie auf der Straße an. Das sind mitunter unangenehme Situationen ...
— Machen Sie einen Ausflug ans Wasser. Welpen, die das Element Wasser früh

UNSER TIPP

Erweitern Sie diese Liste um alle Möglichkeiten, die Ihnen einfallen. Richten Sie Ihren Garten her, fahren Sie darin mit einem Fahrrad umher, lassen Sie Kinder neben der Welpenbox spielen und wenn Sie in der Nachbarschaft ein besonders gutmütiges Exemplar Hund kennen, laden Sie ihn ein. Aber wichtig: Alle Erfahrungen müssen den Welpen positiv in Erinnerung bleiben!

Erste Ausflüge in die nähere Umgebung sind wichtig für die Sozialisation.

Achten Sie darauf, dass solche Treffen für den Welpen in positiver Erinnerung bleibt.

Ein älterer Hund ist eine sehr gute erzieherische Ergänzung zur Hundemutter.

kennenlernen und spielerisch erobern können, haben später auch keine Probleme damit.

— Nehmen Sie sich Zeit für den ersten Tierarztbesuch! Ab der achten Woche müssen die Welpen so oder so geimpft und gechippt werden. Dieser erste Tierarztbesuch ist wichtig und in der Regel nehmen sich die Ärzte dafür auch besonders viel Zeit und holen gerne noch ein oder zwei Helferinnen dazu. Das ist nicht unbedingt ein Entgegenkommen an Sie, sondern Eigeninteresse: Hunde, die später angstfrei in die Praxis kommen, sind einfach bessere Patienten.

Und der Vollständigkeit halber: Mit etwa fünf Monaten beginnt die sogenannte juvenile Phase. Das ist die Phase des Erwachsenwerdens, in die das Welpenbeißen, die Pubertät und allerlei damit verbundene Kopfausssetzer des nun jungen Hundes fallen. Die gute Nachricht: Damit können sich die neuen Besitzer herumschlagen.

FRÜHFÖRDERUNG FÜR NEONATEN

— *das Super-Dog-Programm*

Was unterscheidet einen guten von einem sehr guten Hund? Woran liegt es, wenn ein Rüde aus einem Wurf eine bessere Koordination, ein besseres Immunsystem und einen leistungsfähigeren Körper hat als seine Wurfgeschwister? Ist es Zufall? Oder ist da was passiert? Fragen, die sich vor ein paar Jahren amerikanische Militärs stellten.

Zum Hintergrund: Hunde spielen bei den amerikanischen Spezialeinsatzkräften eine große Rolle. Navy Seals, Delta Force, die Ranger … – alle Kommandos führen bei ihren Einsätzen Hunde mit sich. Meist Retriever, sehr oft deutsche und belgische Schäferhunde, aber auch Mischlinge. Durchschnittlich 50.000 Dollar kostet die Ausbildung eines „Multi Purpose Canine" (MPC), der gemeinsam mit den Sonderkommandos in den Kampfeinsatz geht. Dienstzeit zehn Jahre, Hunde, die im Einsatz sterben, bekommen ein Ehrenbegräbnis, nicht selten werden ihnen posthum Orden verliehen.
Wer seinen Hunden so einen Stellenwert einräumt, für den spielt Leistung eine Rolle. Und tatsächlich fanden Wissenschaftler einen Weg, die psychische, physische und gesundheitliche Entwicklung von Welpen positiv zu beeinflussen. Das Geheimnis: Sanfter Stress in den Zeiten der Gehirnbildung durch Reizung des sich gerade entwickelnden Nervensystems.
Hunde kommen nämlich „körperlich unfertig" zu Welt. Die meisten ihrer Sinne funktionieren noch gar nicht, das Nervensystem ist noch rudimentär, viele Organe sind noch gar nicht einsatzbereit … Das heißt: Die Hunde „reifen" nach – und in diesen Entwicklungsprozess kann ein Züchter positiv eingreifen, indem er die Welpen in spezielle Positionen bringt und Reizen aussetzt, die sie sonst nicht erleben würden. Die Folge: Es bilden sich zusätzliche Verbindungen.

Fünf Übungen gehören zum „Super-Dog-Programm". Sie werden täglich vom dritten bis einschließlich dem 16. Lebenstag wiederholt und jede dauert nur fünf Sekunden. Auf keinen Fall länger, denn es soll nur darum gehen, Nerven zu stimulieren.

ÜBUNG 1: DER „Q-TIPP"

Nehmen Sie den Welpen in die Hand und berühren ihn mit einem Wattestäbchen unter und zwischen den Finger-, Hand- und Handwurzelballen. Streichen Sie dort vorsichtig entlang und drücken Sie sanft. Jede Pfote, fünf Sekunden.

ÜBUNG 2: „KOPF HOCH!"

Nehmen Sie den Welpen und halten Sie ihn „Kopf oben, Rute unten" senkrecht umschlossen. Dadurch sinkt Blut aus seinem Gehirn herunter und das Herz erhält einen Reiz, stärker zu pumpen, um das Gleichgewicht im Körper zu halten. Fünf Sekunden.

ÜBUNG 3: „KOPFÜBER"

Halten Sie den Welpen mit beiden (!) Händen fest, aber vorsichtig umschlossen und drehen Sie ihn mit dem Kopf nach unten, Rute oben. Jetzt fließt zu viel Blut ins Gehirn und der Körper muss darauf reagieren. Eine Herausforderung für das Nervensystem. Fünf Sekunden.

ÜBUNG 4: RÜCKENLAGE

Der Welpe wird auf den Rücken gedreht und gehalten. Achtung, er wird sich dagegen wehren, weil es eine für ihn noch unnatürliche Haltung ist. Aber: Durch die Versuche, die Bauchlage einzunehmen, wird sein Nervensystem stimuliert. Fünf Sekunden.

ÜBUNG 5: DER WASCHLAPPEN

Nehmen Sie einen nassen Waschlappen, wringen ihn aus und packen ihn für eine halbe Stunde in den Kühlschrank. Danach legen Sie ihn auf den Tisch und „stellen" den Welpen mit allen vier Pfoten zuerst fünf Sekunden darauf. Wichtig: Es soll keine Eiseskälte sein. Es geht dabei allein um den spürbaren Temperaturunterschied! Wenn der Welpe älter ist, wird der versuchen wegzulaufen. Lassen Sie ihn ruhig.

Das „Super-Dog-Programm" (Wissenschaftler sprechen vom „Biosensor-Programm") gehört für viele amerikanische Züchter mittlerweile zum Alltag und Langzeituntersuchungen haben ergeben, dass Hunde, die in den entscheidenden Phasen neuen Reizen ausgesetzt waren, ein stärkeres Herz und besser arbeitende Nebennieren (zuständig für die Produktion von beinahe allen Hormonen, durch die der Kreislauf, das Immunsystem, der Blutdruck und die Stressanfälligkeit geregelt wird) entwickeln. Außerdem zeichneten sich die Welpen durch ein besseres Lernverhalten aus, waren neugieriger und ruhiger.

Nach dem Frühförderungsprogramm können sich im Schlaf neue Nervenverbindungen im Gehirn bilden.

WUSSTEN SIE ...

... dass ein Welpe in den ersten zwei Wochen pro Tag fünf bis zehn Prozent seines Körpergewichts zunimmt? Dass ein Welpe blind geboren wird, mit geschlossenen Augen und verschlossenen äußeren Ohrkanälen? Auch sein Gehör ist erst im Alter von acht Wochen voll entwickelt. Als ausgewachsener Hund kann er dafür Frequenzen hören, die bis zu zweieinhalb Mal höher sind als das, was ein menschliches Ohr wahrnehmen kann.
Während dieser Zeit entwickelt sich außerdem das Gehirn Ihres Welpen in einem unglaublichen Tempo. Im Alter von sechs Wochen hat sein Gehirn bereits etwa 70 % der Größe eines ausgewachsenen Hundes erreicht.

GROBER FAHRPLAN: WAS IST WANN ZU TUN?

Legen Sie sich eine To-do-Liste an, auf der Sie die Punkte abhaken können.

AB DEM 1. LEBENSTAG

Kontrolle der Welpen, wiegen, After und Mäulchen kontrollieren.
Welpen evtl. farbig markieren oder kleine Welpenhalsbänder umlegen zur Unterscheidung der Welpen.

AB DEM 14. TAG

Die Welpen können jetzt Sehen und Hören. Sorgen Sie für etwas Abwechslung in der Wurfkiste. Legen Sie weiche Bälle und/oder Spielzeuge in die Welpenkiste. Die Welpen werden im Alter von zwei Wochen nicht unbedingt damit spielen, aber die Spielzeuge wahrnehmen.

AB DEM 16. TAG

Toiletten-Training Wenn Sie beobachten, dass Ihre Welpen sich hinsetzen, um Urin abzusetzen oder auch Kot, ist die Zeit gekommen, ein Toiletten-Training ins Auge zu fassen.
Das heißt natürlich nicht, dass Sie anfangen, den Welpen zur Stubenreinheit zu erziehen. Wenn die Welpen in ihr neues Zuhause umgezogen sind, suchen sie sich meistens den

☞ ENTWICKLUNG DER NEUGEBORENEN

FÄHIGKEITEN UND ENTWICKLUNG	LEBENSTAG
– Saug- und Schluckreflex – Suchbewegungen zum Gesäuge – Geruchssinn	Sofort nach Geburt
– Lange Schlafphase (90 %)	Bis 7. Tag
– Flexor-Dominanz wird von Extensor-Dominanz abgelöst	3.–5. Tag
– Öffnen der Augen – Koordination der Bewegung	7.–14.Tag
– Öffnen der Gehörgänge	8.–14. Tag
– Welpen werden zunehmend mobil – Koordination der Bewegung	10.–15. Tag
– Spontan Urin und Kot absetzen	ab ca. 16. Tag
– Sichere, zielgerichtete Bewegung – Welpe frisst alleine – Milchzahndurchbruch	ab ca. 21. Tag
– Bewusste Wahrnehmung der Umwelt – Gerichtetes Sehen	21.–28. Tag

Warm und gemütlich. Das „Nest" wird von Hunden instinktiv sauber gehalten.

schönsten flauschigen Teppich aus, um ihr Geschäft zu verrichten. Das ist ärgerlich, aber aus Sicht des Welpen vernünftig. Warum?

In den meisten Wurfkisten liegen flauschige Unterlagen, die Urin gut aufsaugen können. Das bedeutet, für die Welpen ist dies der einzige Bodenbelag, den sie kennen; also ist es logisch, diesen Bodenbelag aufzusuchen, wenn sie beim neuen Besitzer Urin oder Kot absetzen müssen.

Jetzt können Sie die Weichen für ein unkompliziertes Toiletten-Training stellen. Installieren Sie einen neuen Untergrund. Wenn möglich, erweiterten Sie die Wurfkiste um einen Welpenauslauf (den brauchen Sie demnächst sowieso) und installieren Sie einen anderen Untergrund in diesem Welpenauslauf. Günstigerweise wählen Sie einen Untergrund, den die Welpen als erwachsene Hunde benutzen sollen, zum Beispiel Steine, Laub oder auch Rollrasen.

WARUM WIRD DER HUND „STUBENREIN"?

Im Gegensatz zur Katze ist der Hund nicht besonders wählerisch, was seine Toilettenplätze angeht. Allerdings gibt es viele Hunde, die lange brauchen, um den richtigen Platz für ihr Häufchen zu finden. Das liegt aber daran, dass der Urinstinkt des Hundes ihm sagt: „Wenn du Kot absetzt, bist du beschäftigt, machst einen runden Rücken und könntest von einem Beutegreifer oder auch einem anderen Raubtier angegriffen werden." Deshalb gehen viele Hunde für die Erledigung ihres Geschäfts gerne ins Gebüsch oder nahe an einen Zaun.

Grundsätzlich ist der Hund aber nicht besonders pingelig. Wo er aber pingelig ist, ist sein „Nest". Das „Nest" soll sauber sein, deshalb vermeiden Hunde es, im Nest Kot und Urin abzusetzen. Der Trick bei der Stubenreinheit ist dem Hund beizubringen, dass die gesamte Wohnung, das gesamte Haus und später natürlich alle Innenräume zum „Nest" gehören und nicht verschmutzt werden sollen.

Der Einzelwelpe braucht dringend Gleichaltrige, um richtiges Sozialverhalten zu erlernen.

Die Welpen werden zunächst skeptisch sein, sich aber sehr schnell mit dem neuen Untergrund anfreunden. Das wird natürlich nicht immer funktionieren, aber das Stubenreinheits-Training wird für die neuen Besitzer damit wesentlich einfacher und die Welpen machen frühzeitig neue Erfahrungen.

AB DEM CIRCA 21. TAG

Absetzen Was heißt das überhaupt? Im Alter von drei Wochen werden die Welpen mobiler, bewegen sich mehr und vor allem zeigen sich die ersten Milchzähne. Gleichzeitig wird die Milchproduktion der Mutterhündin weniger. Und wenn der erste Welpe herzhaft ins Gesäuge gebissen hat, ist die Mutter nicht mehr ganz so freudig bereit, ihre Rasselbande zu säugen. Dann ist der Zeitpunkt des sog. Absetzens oder der Entwöhnung gekommen. Natürlich sollen die Welpen noch weiter gesäugt werden, aber sie müssen nun lernen, allein zu fressen. Das funktioniert manchmal super, manchmal auch erst mal gar nicht.

Es gibt viele verschiedene Fertigprodukte für Welpen auf dem Markt. Zunächst funktioniert die Fütterung eines Breis aus einem flachen Schälchen meistens sehr gut. Später kann man festeres Futter oder auch Trockenfutter zufüttern.

DAS EINZELKIND

Ein Wort noch zum Schluss zum Einzelkind. Ein Wurf mit einem Welpen ist erst mal eine gute Nachricht, wenn der Welpe sich gut entwickelt. Meistens tut er das, denn er hat ja keine Konkurrenz, was mütterliche Zuwendung und vor allem was die Milchbar angeht. Einzelwelpen sind meistens kleine Pummelchen und eher zu dick als untergewichtig. Was ihm allerdings fehlt, ist die Interaktion mit den Wurfgeschwistern. Er hat keine Konkurrenz und ist der kleine König oder eben die kleine Königin. Das bedeutet, es wird für ihn schwieriger, das Verhalten von anderen Hunden richtig zu interpretieren und beispielsweise Frustrationstoleranz zu erlernen, da er nicht im Kontext mit anderen Hunden aufwächst und später weder deren Körpersprache deuten kann oder auch die im Geschwisterspiel erlernten Unterwerfungsgesten gelernt hat. Deshalb ist es gerade bei diesen Welpen enorm wichtig, sie früh mit anderen Welpen zusammenzubringen, damit sie einen guten Start ins Leben haben.

Wieder was gelernt: Das selbstständige Fressen aus einem Napf ohne Rangelei.

ZUM BARFEN UND SELBST KOCHEN

Es ist für einen Laien unmöglich, die korrekte Futterration für einen Welpen zu berechnen. Daher BARFEN Sie Ihren Welpen bitte nicht. Hunde im Wachstum haben einen erhöhten Nährstoffbedarf, der sich mit dem Lebensalter ändert. Wenn Sie eine Abneigung gegen Fertigfutter haben, ist das ok, aber BITTE lassen Sie sich von einem Fachtierarzt für Tierernährung beraten. Sie finden weiter vorne im Buch Tipps zur Ernährung der Mutterhündin.

DER RICHTIGE ABGABEZEITPUNKT

Es gibt unter Züchtern eine Dauerdiskussion über die Frage, wann der Welpe abgegeben werden sollte. Die gesetzliche Mindestzeit bei der Mutter beträgt acht Wochen (Tierschutz-Hundeverordnung, § 2, Absatz 4).

ABGABE MIT ACHT WOCHEN

Tatsächlich geben die meisten Züchter auch mit dem Ende der achten Woche ab. Warum? Nun, je nach Rasse gehen viele Hündinnen bei ihren Welpen jetzt bereits auf Distanz. Denn deren Spiel ist ruppig, das Gesäuge der Hündin durch die Milchzähne zerbissen und die Krallen zerkratzt. In der Regel produziert sie bereits weniger Milch und lässt nur noch einen oder maximal zwei Welpen gleichzeitig trinken. Wenn mit 16 Wochen bei den Welpen die Gehirnentwicklung abgeschlossen ist, sollten die neuen Besitzer die Zeit davor für weitere Prägung, Sozialisierung und Bindung nutzen.

UNSER TIPP

Sprechen Sie mit den Züchtern in Ihrem Rasseverein darüber, wann Sie abgeben. Formal gilt immer: Keine Abgabe ohne vorherige Abnahme des Wurfes durch den zuständigen Zuchtwart!

ABGABE MIT ZEHN WOCHEN

Es gibt Rassen – dazu gehören vor allem brachyzephale Rassen wie Möpse oder Französische Bulldogen –, die sich langsamer entwickeln, deshalb einfach mehr Zeit mit der Mutter und den Wurfgeschwistern brauchen.

ABGABE MIT 12 BIS 14 WOCHEN

Einige wenige Verhaltensforscher plädieren sogar für eine Abgabe in der frühestens 12., besser noch in der 14. Woche. Ihre Argumente: Gerade im dritten und vierten Monat sei das soziale Spiel mit den Wurfgeschwistern wichtig und eine tatsächliche Bindung an einen Menschen sowieso erst ab der 14. Woche möglich. Auch verweisen sie auf das Gesundheitsrisiko einer früheren Abgabe, weil das Immunsystem der Welpen erst mit drei Monaten voll entwickelt ist.

ABGABE MIT 15 WOCHEN

Das ist ein seltener Spezialfall und tritt nur ein, wenn Sie einen oder mehrere Welpen ins Ausland verkaufen. Denn bei einem Grenzübertritt verlangen die Behörden eine mindestens drei Wochen alte Tollwutimpfung. Und die darf der Welpe wegen des erst dann fertigen Immunsystems frühestens in der 12. Woche bekommen.

01

01 Acht Wochen nach der Geburt können die Welpen ihren Besitzer wechseln.

02 Mit 12 bis 14 Wochen ist das Immunsystem des jungen Hundes gut genug entwickelt für eine neue Umgebung.

03 Mit zehn Wochen sind auch spätentwickelnde Welpen bereit zur Abgabe.

02

03

ENTWURMUNG UND IMPFUNG

Ob und wie oft die Welpen und die Mutter entwurmt werden müssen, wird unterschiedlich gehandhabt. Manche Züchter empfinden es als überflüssig, aus tiermedizinischer Sicht aber ist es empfehlenswert. Warum? Weil die in der Mutter ruhenden Spulwurm-Larven durch die Trächtigkeitshormone aktiviert werden und über die Plazenta und das Gesäuge bereits im Mutterleib auf die Welpen übergehen können. Empfohlen werden mindestens zwei Entwurmungen bis zur achten Woche. Wichtig: Es gibt verschiedene Entwurmungsmittel für Welpen.

ENTWURMUNG

Warum sollten Hundewelpen entwurmt werden? Die Frage ist berechtigt, denn sie haben, außer mit der Mutter, in den ersten 8 Lebenswochen noch nicht sehr viele Gelegenheiten, sich mit Würmern anzustecken. Trotzdem kommt es recht häufig zu Infektionen, der Grund ist die Mutterhündin.

CHIPPEN, IMPFEN, HEIMTIERPASS ... – DAS REGELT DER ZUCHTVERBAND

Die Frage, ob die Welpen bei Abgabe bereits gechipt, zum ersten Mal geimpft sind und einen Heimtierausweis haben, wird formal von den Zuchtverbänden geregelt. Wenn Ihr Zuchtverband diesbezüglich keine Regelung hat, übernehmen Sie bitte die Aufklärung der Welpen-Käufer zum Thema Impfen.

SPULWÜRMER, HAKENWÜRMER, PEITSCHENWÜRMER

Wie kann das sein, wenn die Mutterhündin doch regelmäßig entwurmt wird?
Der Grund dafür ist, dass bei einer infizierten Hündin die Larven der Würmer in die Muskulatur wandern und sich dort abkapseln. Diese sogenannten „Ruhestadien" werden durch die hormonellen Veränderungen während der Trächtigkeit reaktiviert und wandern dann aus der Muskulatur in die Gebärmutter und infizieren dort über die Plazenta die Föten. Sind die Welpen geboren, können sie sich zudem über die Muttermilch, in der ebenfalls reaktivierte Larvenstadien auftreten können, infizieren. Das kann mitunter zu einem massiven Wurmbefall beim Welpen führen.
Welpen sollten daher im Alter von zwei Wochen eine Behandlung gegen Rundwürmer erhalten, anschließend eine Entwurmung in zweiwöchigen Abständen bis zwei Wochen nach Aufnahme der letzten Muttermilch. Die Hündin sollte gleichzeitig mit der ersten Behandlung der Welpen eine Wurmkur erhalten.
Es gibt aber leider noch die einzelligen Darmparasiten. Natürlich gibt es auch noch andere Darmparasiten wie Toxoplasmen, Bandwürmer, Nematoden und viele andere mehr. Da diese Parasiten beim Welpen üblicherweise keine große Rolle spielen, verweisen wir hier auf Informationen aus den ESCCAP (European Scientific Counsel Companion Animal Parasites) Empfehlungen (siehe Kasten).

GIARDIEN

Das sind Parasiten, die aus einer Zelle bestehen. Man kann sie im Gegensatz zu dem spaghettiartigen Spulwurm nicht mit bloßem Auge sehen. Von der Ausnahmeerscheinung vor einigen Jahrzehnten haben sie sich inzwischen zum häufigsten Darmparasiten beim Hund gemausert.
Aber haben sie das wirklich? Oder suchten wir früher nur nicht danach und wenn wir suchten, haben wir sie nicht gefunden? Denn mikroskopisch sind sie genau wie der Gurkenkernbandwurm (der heißt wirklich so) fast nicht nachzuweisen. Besser wurden die Diagnostik und auch die Trefferquote erst mit dem sog. Elisa-Test, mit dem ein Oberflächen-Antigen des Erregers nachweisbar ist. Dieser Test ist mit einer fast 100%igen Trefferquote sehr sicher. Die Ansteckung erfolgt über Schmierinfektion mit

WER IST ESCCAP?

Wenn Sie mehr Informationen über Parasiten beim Hund brauchen, finden Sie im Internet die regelmäßig aktualisierten ESCCAP-Empfehlungen zu parasitären Erkrankungen. Diese Informationen gibt es für Tierhalter, sie werden regelmäßig aktualisiert und sind gut verständlich.
Die Abkürzung bedeutet European Scientific Counsel Companion Animal Parasites und ist eine internationale Vereinigung aus Veterinärparasitologen und Internisten. In Deutschland ist sie als eingetragener Verein tätig, der eng mit der Bundestierärztekammer und dem Bundesverband Praktizierender Tierärzte zusammenarbeitet.
Die ESCCAP-Empfehlungen sind sehr hilfreich, auch für mich als Tierärztin, denn sie werden ständig aktualisiert, man hat alle Informationen über Parasiten, leicht auffindbar und immer auf dem neuesten Stand.

Die erste Ansteckung mit Parasiten geschieht noch im Mutterleib.

Zysten der Giardien, die in der Umgebung sehr lange überlebensfähig sind. Vor allem in einem feuchten, kühlen Milieu können die Zysten drei Monate und länger überleben. Trockene Hitze macht ihnen den Garaus.

Vor allem bei Welpen sind Giardien problematisch, weil sie zu schweren Darmschäden und erheblichen Durchfällen führen können. Ältere Hunde sind oft infiziert, ohne dass sie Symptome entwickeln. Sie sind die Infektionsquelle für den Welpen, weil man ja gar nicht merkt, dass der erwachsene Hund infiziert ist. Außerdem sind Giardien mit mikroskopischen Untersuchungen schwierig festzustellen, sondern am besten über spezielle Antigen-Tests.

Die nächste schlechte Nachricht: Sie sind auch noch sehr hartnäckig und manchmal schwierig zu behandeln. Oftmals braucht es mehrere Behandlungszyklen, bis der Welpe sie wieder los ist.

Und zum Schluss noch eine eher miese Nachricht: Die Entwurmungsmittel für Spulwürmer helfen nicht gegen Giardien oder nur bei wiederholter Anwendung, und man muss schon gezielt nach ihnen suchen, denn sonst bleiben sie unentdeckt. Es gibt Giardien-Stämme, die für den Menschen ansteckend sein können. Die Ansteckungsgefahr ist allerdings nicht besonders groß.

ISOSPORA SPP. (KOKZIDIEN)

Kommen bei jungen Hunden, vor allem in Haushalten mit vielen Hunden, vor. Meistens infizieren sich die Welpen bei der infizierten Mutterhündin im Alter von drei bis acht Lebenswochen. Neben der Mutter gibt es noch andere Infektionsquellen, vor allem besteht bei der BARF-Fütterung die Gefahr, dass Infektionserreger durch Kühlung oder Einfrieren des rohen Fleischs nicht ausreichend abgetötet werden. Wie bei der Giardien-Infektion auch, gibt es oftmals erwachsene Hunde, die Zysten ausscheiden, aber selbst keine Symptome entwickeln. Bei der Infektion der Welpen muss auf jeden Fall der ganze Wurf inklusive der Mutter behandelt werden, um eine Ausbreitung zu verhindern.

Die gute Nachricht: Es gibt gut wirksame Medikamente, mit der die Infektion behandelt werden kann.

ENTWURMUNG UND PARASITEN-PROPHYLAXE

Unter Hundebesitzern kreisen die abstrusesten Ratschläge zur Entwurmung und Parasitenprophylaxe. Über Kokosöl, Knoblauch und Bernsteinketten bis hin zu Tee-

Der Impfung geht eine Untersuchung des Welpen voraus.

Kontakt zu anderen Hunden birgt immer auch eine Ansteckungsgefahr.

baumöl ist alles im Angebot. Teebaumöl stinkt ziemlich und ist an sich schon eine üble Geruchsbelästigung für die empfindliche Hundenase. Auch wenn von den Vertreibern versichert wird, dass die Produkte helfen: dem ist nicht so. Wenn Ihr Hund nach Gabe von Knoblauch wurmfrei ist, dann hatte er vorher auch keine Parasiten. Leider sind alle „biologischen“ Präparate nicht wirksam und es gibt keine gesicherten Erkenntnisse über sie, sodass Sie Ihr Geld lieber für andere, nützlichere Medikamente ausgeben sollten.

IMPFUNGEN

In den ersten sechs bis acht Lebenswochen sind die Welpen durch das Kolostrum und die Antikörper in der reifen Milch gut geschützt. Voraussetzung dafür ist natürlich, dass die Mutterhündin regelmäßig geimpft wird. Es macht daher keinen Sinn, Welpen vor der achten Lebenswoche zu impfen, weil die Welpen einfach noch zu viele Antikörper von ihrer Mutter im Blut haben, die die Impfviren quasi sofort „abfangen“ würden. (Anmerkung der Autorin: In besonders gefährdeten Beständen kann gegen Staupe und Parvovirose schon mit der vierten oder sechsten Lebenswoche geimpft werden, mit speziell dafür zugelassenen Impfstoffen.)
Mit der sechsten bis achten Lebenswoche trinkt der Welpe weniger Muttermilch und seine mütterlichen Antikörper werden abgebaut. Das ist die sogenannte kritische Phase, die früher auch als immunologische Lücke bezeichnet wurde. In dieser Phase sind die Welpen besonders empfänglich für Virusinfektionen, daher werden die Welpen üblicherweise ab der achten Lebenswoche geimpft.

CORE-VAKZINE – EMPFEHLUNGEN FÜR DEN HUND

Staupe
Leptospirose
Parvovirose

Impfung unter bestimmten Bedingungen empfohlen

HCC – Hepatitis contagiosa canis*
Tollwut
Parainfluenza

* Durch konsequente Impfungen wurde HCC (Ansteckende Leberentzündung) in Westeurpoa eigentlich eliminiert. Hunde werden aber trotzdem dagegen geimpft, weil, bis auf eine Ausnahme, alle auf dem Markt verfügbaren Staupe- und Parvovirose-Impfstoffe eine HCC-Komponente enthalten.

Empfehlungen zur Grundimmunisierung von Welpen

8. Lebenswoche	Staupe, Leptospirose, Parvovirose
12. Lebenswoche	Staupe, Leptospirose, Parvovirose
16. Lebenswoche	Staupe, Parvovirose
15. Lebensmonat	Staupe, Leptospirose, Parvovirose

Je nach Impfstoff-Hersteller jährliche oder längere Impfintervalle, d.h. Wiederholungsimpfungen
Es ist verwirrend, aber wenn Ihr Tierarzt ein anderes Impfschema für die Welpen oder Ihren erwachsenen Hund vorschlägt, ist das nicht falsch, sondern nur anders. Die Vorschläge der STIKO-Vet sind Empfehlungen und keine Vorschriften, deshalb gibt es einige unterschiedliche Impfschemata.

WAS MUSS ICH IMPFEN?

Müssen muss keiner, will heißen, es gibt keine Impfpflicht für Hunde in Deutschland. Genau wie in der Humanmedizin gibt es Impfempfehlungen für Tiere, die von der STIKO-Vet erstellt werden; der Ständigen Impfkommission, die aus niedergelassenen Tierärzten und Hochschulprofesssoren besteht.
Die STIKO gibt regelmäßig Impfempfehlungen oder Leitlinien heraus. Die neueste Leitlinie (Stand 01.01.2021) findet man problemlos im Internet.
Die einzelnen Vakzinen werden in Core-Vakzine und Non Core-Vakzine unterteilt. Die Core-Vakzine sind unbedingt empfehlenswert, die Non Core-Vakzine werden nur unter bestimmten Bedingungen empfohlen. Zum ersten Mal seit Langem ist in der derzeit gültigen Leitlinie die Tollwutimpfung keine Core-Vakzine mehr, da die Terrestrische Tollwut in Europa als ausgerottet gilt. Achtung! Allerdings braucht ihr Hund für Reisen ins (auch EU-Ausland) eine gültige Tollwutimpfung. Über die Sinnhaftigkeit dieser Vorschrift kann man streiten, das ändert aber nichts an der Vorschrift. Ebenso wird auch bei Hundeausstellungen in Deutschland und auf Wettkämpfen im Hundesport vielfach noch eine Tollwutimpfung verlangt.

STAUPE

Die Staupe ist eine hochansteckende Viruserkrankung. Sie kommt bei Hunden, Füchsen, Mardern, Waschbären, Pandas und sogar bei Robben vor. Neuere Untersuchungen haben auch ein Staupe-Reservoir bei Schleich- und Großkatzen nachweisen können. Bisher ist die Hauskatze allerdings nicht betroffen.
Die Inkubationszeit (Ansteckung bis Auftreten der ersten Symptome) ist mit drei bis sieben Tagen recht kurz. Meistens beginnt es mit Fieber und Müdigkeit. Zuerst sieht die Erkrankung aus wie eine Erkältung:

Auch im städtischen Umfeld kursieren Krankheitsserreger, auf die das Immussystem des Hundes reagiert.

Schnupfen, Fieber, Heiserkeit, Nasen- und Augenausfluss, Husten oder auch Lungenentzündung. Manchmal treten auch nur Bauchweh und Durchfall auf. Bei manchen Hunden entwickeln sich entweder sofort oder Wochen bis Monate nach dem vermeintlichen Überstehen der Krankheit zentralnervöse Symptome. Und zu guter Letzt gibt es noch eine Form, die dermatologische Symptome hervorruft und auch „Hard Pad Disease" genannt wird, die zu Verhärtungen der Sohlenballen und des Nasenleders führen kann.

Die Hundepopulation ist zwar ganz gut immunisiert und vielfach wird überlegt, nicht mehr gegen Staupe zu impfen, was aber ein fataler Fehler ist, denn das Virusreservoir sind Füchse, Dachse, Marderhunde und Waschbären. Die Wahrscheinlichkeit, dass Ihr Hund im Wald mit einem toten Fuchs in Kontakt kommt, ist gar nicht so gering und deshalb hat die STIKO Recht! Lassen Sie Hunde gegen Staupe impfen.

LEPTOSPIROSE

Im Gegensatz zu allen anderen Krankheiten, die wir beim Thema Impfungen besprechen, sind Leptospiren keine Viren, sondern schraubenförmige Bakterien. Es gibt viele verschiedene Leptospiren-Spezies mit noch mehr Untergruppen (Serovaren). Leptospiren sind bei Tieren weit verbreitet und ziemlich unangenehm. Die Leptospirose ist eine Zoonose (d. h. der Hund kann den Menschen anstecken und auch umgekehrt). Leptospiren sind in der Umwelt ziemlich lange überlebensfähig, wenn sie feucht bleiben. Sie kommen besonders häufig bei Mäusen und Ratten vor. Sie werden über den Harn ausgeschieden und Hunde infizieren sich durch Lecken des Urins oder aber in Bächen und Flüssen.

Bei Krankheitsverdacht gilt es, das Tier schnell tierärztlich untersuchen zu lassen.

Die Leptospirose ist gar nicht so leicht zu erkennen, weil sie zunächst den Hund einfach nur krank macht. Die Hunde haben Bauchmerzen, Durchfall und Fieber. Je länger die Erkrankung dauert, desto schlimmer wird es; es kommen Leberentzündungen und Nierenentzündungen hinzu. Spätestens wenn bei der Blutuntersuchung veränderte Nierenwerte und veränderte Leberwerte gleichzeitig auftauchen, sollten die Alarmglocken beim Tierarzt klingeln und eine Untersuchung auf Leptospirose eingeleitet werden. Die Erkrankung kann mit Antibiotika behandelt werden, die Behandlung dauert lange. Die miese Nachricht: Der Erreger kann, wenn es blöd läuft, im Körper des Hundes persistieren (verbleiben).

PARVOVIROSE

Ich habe nicht nur die „Entstehung" des Continental Bulldog miterlebt, sondern auch hautnah die ersten Parvo-Fälle beim Hund in Deutschland.

Der Erreger ist das Canine Parvovirus 2, dessen Entstehung nicht zu 100 % geklärt ist. Allerdings untermauern neuere Untersuchungen (u. a. von einem derzeitigen Mitglied der STIKO, Prof. Truyen aus Leipzig), dass das Feline Parvovirus, also das Virus der Katze, sich an den Hund angepasst hat und zum Caninen Parvovirus 2 wurde.

Die erste Infektionswelle in den frühen 1980er-Jahren war wirklich verheerend. Ich war junge Studentin und arbeitete mit Feuereifer in einer Kleintierpraxis mit. Die Fälle von Hunden mit blutigem Brechdurchfall häuften sich. Nichts half und die Patienten starben wirklich wie die Fliegen. Damals waren nicht nur Welpen, sondern auch erwachsene Hunde betroffen, denn sie waren ja noch nicht geimpft und folglich der Krankheit ungeschützt ausgeliefert.

Heute ist die Erkrankung nicht weniger schlimm, aber wir können sie besser behandeln und die Überlebenschancen der Hunde (meistens sind es ja Welpen) sind sehr gut.

Die Erkrankung geht meistens mit Fieber und blutigem Durchfall, Erbrechen und Blutbildveränderungen einher. Die Welpen müssen intensiv betreut werden und vor

allem Infusionen erhalten. Es gibt allerdings eine Form der Erkrankung, die mit einer Herzmuskelentzündung einhergeht und die rasch zum Tod führt.
In den USA ist, Stand heute, ein monoklonaler Antikörper zur Therapie der Parvovirose zugelassen, den wir in Deutschland allerdings noch nicht zur Verfügung haben, der aber sehr hilfreich für die Erkrankung sein wird, sobald er in Deutschland zugelassen ist.
Das Parvovirus kann bei erkrankten Hunden im Kot, aber auch mit einer Blutuntersuchung festgestellt werden.

PARAINFLUENZA ODER ZWINGERHUSTEN

Die Parainfluenza wird meistens lapidar als Zwingerhusten bezeichnet, was aber eigentlich falsch ist. Der Zwingerhusten kann von verschiedenen Erregern verursacht werden, in unseren Kombinationsimpfstoffen ist jedoch nur das Canine Parainfluenza Virus enthalten.
Weitere Erreger können Adenoviren, Influenzaviren, respiratorische Coronaviren, Herpes Viren und Morbilliviren und ein Bakterium, Bordetella bronchioseptikum, sein. Da alle diese Infektionen die gleichen Symptome, nämlich Husten, Halsentzündung, Fieber, Bronchitis, Entzündung der Luftröhre bis hin zu einer Lungenentzündung verursachen, werden sie unter dem Sammelbegriff Zwingerhusten zusammengefasst.
Der „Zwingerhusten" ist hochansteckend, der Klassiker sind Hundeausstellungen, nach deren Besuch die gesamte Hundemannschaft zwei bis drei Tage später anfängt zu husten. Mitunter zieht sich die Erkrankung zwei bis drei Wochen, bis sie wieder ausgeheilt ist, aber sie ist gut zu behandeln und verläuft nicht tödlich.

TOLLWUT

Wird verursacht durch das sog. Lyssa Virus. Dieses Virus kommt weltweit vor und es sterben immer noch über 50.000 Menschen jährlich an Tollwut, kein schöner Tod …
Das Virus kann, entgegen anderslautenden Behauptungen, nur durch einen Biss oder durch eine Hautverletzung mit dem Speichel eines infizierten Tieres übertragen werden. Dann muss sich das Virus einen Nerv suchen und wandert entlang der Nervenbahnen zum Gehirn, um dort eine Gehirnentzündung zu verursachen. Außerdem werden sehr schnell alle weiteren Organe befallen. Manchmal kommt es auch zu plötzlichen Todesfällen, ohne dass neurologische Veränderungen wie massive Aggressivität, Speicheln und Wesensveränderungen auftreten. Die Tollwut-Erkrankung kann nur durch eine Gehirnuntersuchung am toten Tier festgestellt werden.
Die Behandlung beim Tier ist erstens zwecklos und zweitens streng verboten. Die Erkrankung ist anzeigepflichtig, das heißt selbst der Verdacht muss durch den Tierarzt der zuständigen Veterinärbehörde gemeldet werden. Auch beim Menschen kann die Erkrankung nicht behandelt werden und führt unweigerlich zum Tod.
Glücklicherweise ist das Virus in der Außenwelt nicht besonders lange (nur wenige Stunden) überlebensfähig.
In Deutschland ist die Erkrankung vor allem durch die Schluckimpfung von Füchsen erfolgreich getilgt worden und inzwischen gilt sogar ganz Europa als tollwutfrei.

TOLLWUT-IMPFUNG BEI MENSCHEN

Es macht durchaus Sinn, sich gegen Tollwut impfen zu lassen, wenn man in Länder mit einer hohen Tollwut-Infektionsrate wie z. B. Indien reist.
Es gibt einen Impfstoff zur prophylaktischen Impfung, der gut verträglich ist. Außerdem werden besonders gefährdete Personen (z. B. Tierärzte) gegen Tollwut geimpft. Ich kann den Impfstoff nur empfehlen, ich werde seit 30 Jahren in größeren Abständen geimpft, mir geht's gut!

DER MIKROCHIP

Früher wurden Tiere zur Kennzeichnung tätowiert. Das hat erstens nicht so toll ausgesehen, zweitens war es deutlich schmerzhafter als der Pieks mit der Mikrochip-Spritze und drittens ist die Tätowierfarbe nach einiger Zeit verblasst, wodurch Tätowierungen vielfach nicht mehr gelesen werden konnten.
Zunächst ist die Kennzeichnung mit einem Mikrochip vor allem bei vielen Zuchtverbänden auf große Skepsis gestoßen. Das hat sich mit der Zeit geändert und die allermeisten Hunde werden inzwischen mit einem Mikrochip gekennzeichnet.
Der Mikrochip sieht aus wie eine kleine Bleistiftmine und wird an der linken Halsseite mit einer Spritze unter die Haut appliziert. Jeder Mikrochip hat einen 15-stelligen Zahlencode, den es nur einmal gibt, also sind Verwechslungen ausgeschlossen.
Wenn die Mikrochip-Nummer des jeweiligen Rassehundes in die Ahnentafel eingetragen ist, kann sichergestellt werden, dass „im Hund das drin ist", was in der Ahnentafel steht. Der Mikrochip dient also quasi der Qualitätssicherung.
Mit dem Mikrochip geht aber noch mehr … Wer sein Haustier in ein Haustierregister aufnehmen lässt, hat eine gute Chance, es auch irgendwann zurückzubekommen, wenn es wegläuft oder auch verletzt aufgefunden wird. In Deutschland gibt es zwei Haustierregister, das größere heißt TASSO, das kleinere Findefix. Man kann sein Haustier bei beiden unabhängig voneinander registrieren lassen.

01

02

01 Gerät der Wildfang auf Abwege, ist der Besitzer durch Ablesen des Mikrochips zu ermitteln.

02 Der Mikrochip stört den Hund nicht bei der Bewegung, sondern verwächst mit dem Gewebe.

Außerdem benötigt Ihr Hund einen Mikrochip, damit er mit dem blauen EU-Heimtierausweis innerhalb Europas reisen kann. Den Pass gibt es nämlich nur für Tiere, die gechippt sind.

Für besonders kleine Tiere gibt es den Chip auch in der Mini-Version. Der Chip ist dann etwas kleiner, enthält aber genauso den 15-stelligen Zahlen-Code.

Ganz neu auf dem Markt ist ein Mikrochip, der die Körpertemperatur Ihres Tieres messen kann. Ob sich diese Erfindung durchsetzt, ist fraglich. Eigentlich ist es praktisch, gleichzeitig mit dem Chipleser auch Informationen über die Körpertemperatur zu erhalten. Die meisten Hunde finden Fiebermessen im Po nämlich genauso blöd wie wir. Aber: Der Mikrochip misst eben die Temperatur unter der Haut an der Stelle, wo er sich befindet. Ob das tatsächlich die innere Körpertemperatur genau wiedergibt, ist fraglich.

Um den Zahlen-Code des Mikrochips zu erkennen, benötigt man ein Lesegerät. Hält man das Lesegerät an die linke Halsseite des Hundes, dann wird die Nummer angezeigt, gleichzeitig ertönt ein Piepston.

In Europa wird der Mikrochip standardmäßig an der linken Schulter oder an der linken Halsseite appliziert, in Russland oder den USA ist das anders, da befindet sich der Chip zwischen den Schulterblättern. Manche Mikrochips „wandern" auch unter der Haut, d. h. sie finden sich irgendwann vor der Brust. Das ist aber nicht schlimm, die Mikrochips sind dann bloß etwas schwieriger mit dem Lesegerät zu finden, aber sie richten keinen Schaden an. Gerüchte, dass Mikrochips in die Brusthöhle wandern können, gehören definitiv ins Reich der Mythen und Sagen.

Früher waren die Mikrochips nicht mit einer Iso-Norm genormt, das hat bedeutet, dass der jeweilige Chip nur mit einem bestimmten Lesegerät ausgelesen werden konnte. Inzwischen ist es möglich, jeden Mikrochip mit jedem Lesegerät (für Mikrochips) auszulesen.

WELPENERKRANKUNGEN

In der Hundezucht kommt es vor allem in den ersten 24 Stunden zu Welpenverlusten. Das liegt aber nicht daran, dass unsere Rassehunde alle degeneriert sind, sondern das Gleiche passiert auch bei Wildcaniden wie dem Wolf oder dem Wildhund.
Ungefähr 15 bis zu 50 % der Welpen versterben innerhalb der ersten 24 Stunden. Das ist natürlich für jeden Züchter bitter und lässt sich auch durch Prophylaxe-Maßnahmen nicht vermeiden.

MISSBILDUNGEN

Möglichst schnell nach der Geburt sollten Sie kontrollieren, ob sie Missbildungen bei Ihren Welpen entdecken können. Manche Missbildungen entdeckt man nicht auf den ersten Blick, andere jedoch sind sehr auffällig.

GAUMENSPALTEN

Oft sind es nicht nur Gaumenspalten, sondern Lippen-Kiefer-Gaumenspalten, die es dem Welpen unmöglich machen zu saugen und zu deutlichen Entwicklungsstörungen führen können. Sie entdecken diese Fehlbildungen, wenn Sie Ihren Welpen ins Mäulchen schauen. Nehmen Sie dazu eine Taschenlampe zuhilfe, denn viele Gaumenspalten sind sehr klein und weit hinten im Rachen. Gaumenspalten haben eine genetische Komponente, können aber auch andere Ursachen für ihre Entstehung haben. Sie kommen bei manchen Rassen gehäuft vor. Sollten Sie eine Rasse mit gehäuftem Vorkommen von Gaumenspalten züchten, können Sie das Risiko für die Entwicklung von Gaumenspalten um 50 Prozent senken, wenn Sie der Mutter 15 Tage vor dem Decken bis zur Geburt 1 mal täglich eine Tablette mit 5 mg Folsäure geben, egal wie groß die Hündin ist.

ANASARKA

Anasarka oder Nilpferdwelpen sind sehr große, aufgeschwemmte Welpen, die wie ein Nilpferd aussehen. Oft müssen sie per Kaiserschnitt geboren werden, da sie sehr unför-

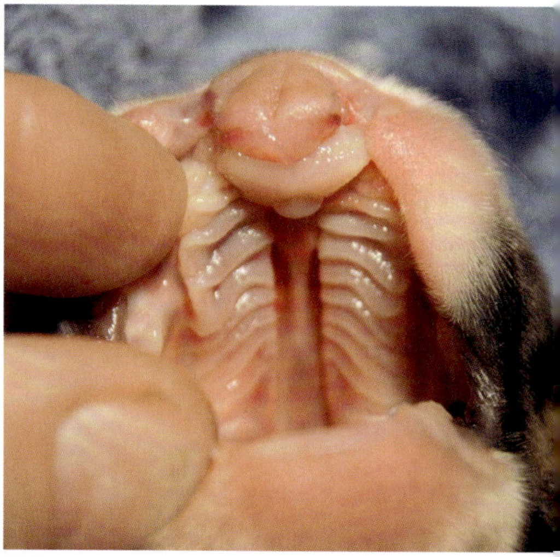

Lippen- und Gaumenspalte bei einem Neonat

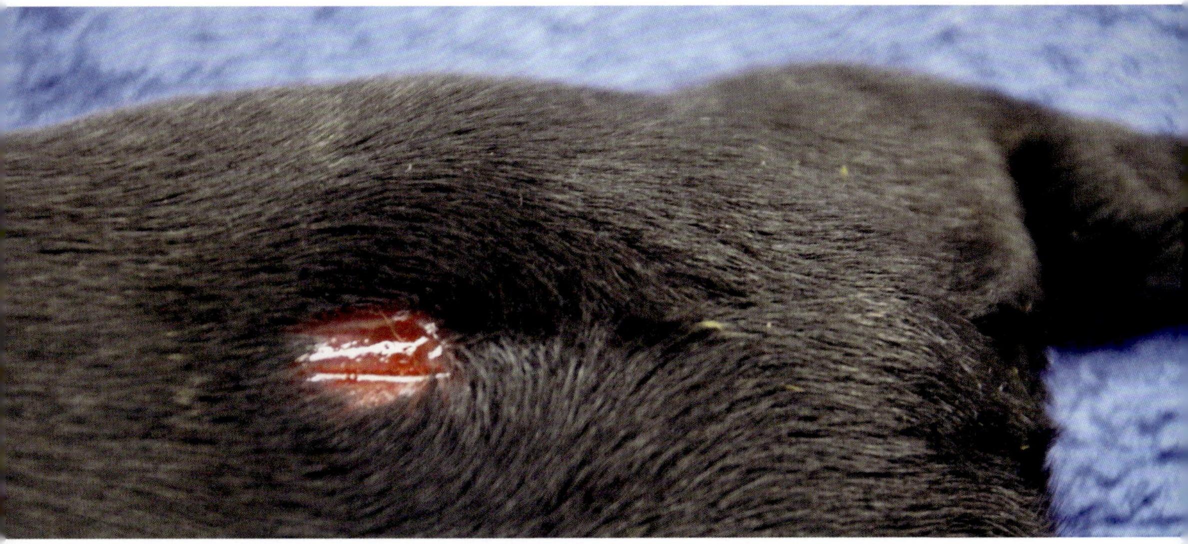

Keine Verletzung, sondern eine Spina bifida bei einem Welpen.

mig sind. Ihr Aussehen entsteht durch eine übermäßige Wassereinlagerung im Gewebe. Anasarka-Welpen sind lebensfähig.

SPINA BIFIDA

Die „gespaltene Wirbelsäule" ist eine Missbildung, ist ein Loch in der Haut über den Dornfortsätzen. Dieses Loch ist manchmal sehr klein, man muss schon genau hinsehen. Die betroffenen Welpen sind in der Regel querschnittsgelähmt.

Natürlich gibt es auch noch viele weitere Missbildungen, die aber nicht unbedingt auf den ersten Blick zu erkennen sind: Blutgefäßmissbildungen in der Leber (Leber shunt), Atresia ani (Fehlen des Darmausgangs), Herzmissbildungen und dergleichen mehr.
Letztlich muss man bei allen Missbildungen entscheiden, ob der betroffene Welpe ein hundegerechtes Leben führen kann und dann eventuell auch zusammen mit dem Tierarzt die Entscheidung treffen, den Welpen einzuschläfern.

NEONATALES ATEMNOTSYNDROM (NANS)

Entsteht häufig bei Schwergeburten, lang andauernden Geburten und vorzeitiger Plazentaablösung.
Wenn die Plazenta sich ablöst, sinkt der pH-Wert im Blut des Welpen ganz leicht ab. Diese entstehende, milde Übersäuerung ist der Schlüsselreiz für das Atemzentrum, woraufhin die Atmung des Welpen einsetzt. Da er natürlich noch von seinen Fruchthüllen umgeben ist, aspiriert er dabei Fruchtwasser. Diese Welpen atmen nur sehr unregelmäßig oder gar nicht, wenn sie geboren werden.

Abhilfe schafft:
- Welpen in ein warmes Tuch wickeln und eventuell mit dem Kopf etwas nach unten halten.
- Eiswürfel auf den Hinterkopf legen, das stimuliert das Atemzentrum.
- Vorsichtig mit einem weichen Schlauch auf einer Spritze oder den Lippen Schleim absaugen.
- Brustkorb leicht massieren.

Beobachten Sie, ob jeder Welpe eine Zitze abbekommt und saugen kann.

HYPOTHERMIE-HYPOGLYKÄMIE-KOMPLEX

Der Hypothermie-Hypoglykämie-Komplex beschreibt einen Teufelskreis, der sich häufig nach Schwergeburten einstellt und schwache Welpen betrifft.
Die Situation: Der Welpe ist zu schlapp, um seinen Platz an der Zitze zu halten und kräftig zu saugen. Er wird von seinen Geschwisterhunden weggedrückt, bekommt keine Wärme von der Hündin und kühlt dadurch aus. Da der neugeborene Welpe jedoch fast überhaupt keine Energiereserven in der Leber hat, wird er schwach, kühlt weiter aus … – und stirbt, wenn Sie nicht eingreifen. Die Crux: Diese Welpen wirken oft aktiver als die anderen, sodass sie anfangs kaum auffallen. Allerdings sind sie unruhig, wimmern, pendeln mit dem Kopf auf der Suche nach der Zitze und haben eine kühle Körperoberfläche.

SIND DIE WELPEN GESUND?

Gesunde Welpen sind zufriedene, dicke Moppel, die sich in den ersten Lebenstagen kaum bewegen.
Achtung, wenn es in der Wurfkiste in den ersten Lebenstagen unruhig ist! Dann stimmt etwas nicht!!

Was Sie tun müssen: Flößen Sie dem Welpen am besten tropfenweise Traubenzuckerlösung ein, legen Sie ihn auf ein warmes Kirschkernkissen oder eine Wärmeflasche, und legen Sie ihn an die Zitze an. Wichtig ist, jetzt am Ball zu bleiben, denn selbst wenn es dem Welpen zunächst besser geht, erleidet er oft einen Rückfall!

HYPOGALAKTIE (KOLOSTRUM MANGEL)

Hier ist die Ursache die Hündin, die Leidtragenden aber sind die Welpen. Neugebore-

ne Welpen haben fast überhaupt keine Immunabwehr, das Immunsystem muss reifen. 10 % der Antikörper, die ein Welpe hat, stammen aus der Plazenta, die restlichen 90 % muss er in den ersten 24 Lebensstunden über das Kolostrum aufnehmen. Kolostrum ist die Milch, die in den ersten 24 Stunden nach der Geburt im Gesäuge gebildet wird. Sie unterscheidet sich von reifer Milch vor allem in ihrem Immunglobulingehalt und im Fettgehalt.
Was tun bei Kolostrummangel? Falls Sie einem Rassezuchtverband angehören, fragen Sie nach, ob andere Züchter in Ihrer Nähe eingefrorenes Kolostrum haben. Es muss auch nicht von der gleichen Hunderasse sein. Eventuell kann Ihnen auch Ihr Tierarzt bei der Vermittlung behilflich sein.
Achtung!: Kolostrum (Biest-Milch) wird auch als Pulver verkauft – es ist allerdings nicht so gut wie natürliches Kolostrum. Die Suche nach eingefrorener „Biest-Milch" sollte deshalb immer die erste Wahl sein.
Sollten Sie trotz aller Bemühungen kein Kolostrum finden: Gehen Sie mit ihrer Hündin oder anderen Hunden aus Ihrem Haushalt zum Tierarzt, lassen Sie den Hunden Blut abnehmen und bitten Sie den Tierarzt, daraus Serum herzustellen. Das gibt man den Welpen wie eine Schluckimpfung. Erklärung: Alle Hunde aus einem Haushalt teilen sich das gleiche Umfeld und haben deshalb einen sehr ähnlichen Antikörperstatus.
Achtung! Fehlende Biest-Milch kann ein Hinweis darauf sein, dass die Hündin zu wenig oder gar keine Milch bilden wird. Im Klartext: Sie ziehen die Welpen mit der Flasche auf – und füttern in den nächsten drei Wochen ausschließlich und rund um die Uhr Welpen. Es gibt ein Medikament, mit dem die Milchbildung angeregt werden kann. Fragen Sie bitte Ihren Tierarzt!

ACHTUNG ROTLICHT!

Auch wenn Rotlicht nicht aus der Wurfkiste zu eliminieren ist, hier trotzdem eine Warnung: Bitte kein Rotlicht in der Wurfkiste! Welpen brauchen Wärme von unten, Rotlicht trocknet die Welpen aus und es kann tatsächlich auch zu Überhitzungen kommen, wenn die Welpen sich nicht vom Rotlicht wegbewegen können.

Auch im Alter von drei Wochen schlafen die Kleinen noch viel und wärmen sich gegenseitig.

Vom Toxischen Milchsyndrom betroffene Welpen müssen individuell betreut werden.

TOXISCHES MILCHSYNDROM

Die Theorie dahinter: Geburten gehen immer mit Entzündungen der Gebärmutter einher, bei der sich Bakterien bilden und in die Milch übergehen. Manche Welpen können das nicht ab. Die gute Nachricht: Oft sind davon nur einzelne Welpen betroffen. Man kann diese Erkrankung mit den 3-monats-Koliken von Säuglingen vergleichen. Die Symptome sind gleich: Die Welpen schreien, jammern, krümmen sich und hören auf zu saugen. Manche setzen auch keinen Kot mehr ab.
Die erkrankten Welpen müssen nun auch betreut werden wie Säuglinge: Massieren Sie ihnen den Bauch, flößen Sie ihnen Milch ein, geben Sie krampflösende Medikamente und Schmerzmittel.

FADING PUPPY SYNDROM

Das ist eine sehr frustrierende Erkrankung, deren Ursachen wir nicht genau kennen, und für die es bisher keine Behandlung gibt. Es gibt für diese Erkrankung nicht mal eine Diagnose, einzig das Syndrom kann beschrieben werden. Die betroffenen Welpen kümmern, werden schwächer und sterben. Natürlich kann man sie symptomatisch behandeln, meistens hilft aber tatsächlich nichts.

CANINES HERPESVIRUS

Sie können Ihre Hündin während der Trächtigkeit gegen Herpes impfen lassen. Allerdings ist dieser Impfstoff häufig nicht lieferbar, weshalb ihn nicht jeder Tierarzt vorrätig hat. Sollten die Welpen infiziert werden, kann man im Grunde wenig tun. Die meisten sterben.
Es gibt Studien, nach denen ungefähr ein Viertel der deutschen Zuchten betroffen sind, wobei die Zahlen eher ungenau sind. Herpesviren sind also relativ weit verbreitet und können zu massiven Welpenverlusten innerhalb der ersten zwei Lebenswochen führen.
Das Herpesvirus kann aber auch zu intrauterinem Fruchttod und zur Sterilität (Leerbleiben) der Hündin führen. Auch Rüden können sich infizieren und durch die Viren unfruchtbar werden.

CANINES PARVOVRIUS

Im Alter von vier bis sechs Wochen entsteht beim Welpen eine sogenannte „immunologische Lücke". Es ist die Zeit der Futterumstellung. Die Welpen nehmen weniger Muttermilch auf, der Immunglobulingehalt in der reifen Milch nimmt ab und das eigene Immunsystem hat noch nicht genug Antikörper entwickelt – in diese Lücke schlägt das Parvovirus.
Die Krankheit ist heute gut behandelbar, nichtsdestotrotz sind die Welpen sehr krank mit blutigen Brechdurchfällen; Schwäche und Herzmuskel-Entzündungen können auftreten.

SWIMMER PUPPIES/ FLAT PUPPIES

Das ist eine Entwicklungsstörung, die bei allen Hunderassen vorkommen kann. Am stärksten betroffen sind allerdings schwere Hunderassen wie English Bulldog oder Französische Bulldoggen, sie kommt aber auch bei sportlichen Rassen wie Labrador oder Boxer vor.
Betroffen sind meistens die dicken, schweren Welpen aus einem Wurf. Das Problem beginnt mit ca. drei bis vier Wochen. Während alle Wurfgeschwister schon laufen, liegen die Schwimmer-Welpen immer noch auf dem Bauch, rudern mit den Beinen und kommen nicht richtig auf die Füße. Dadurch, dass sie immer auf dem Bauch oder Rücken liegen, flacht der Welpe immer mehr ab und wird so zum „Flat Puppy". Es ist unglaublich, wie formbar so ein Welpenskelett ist.
Um den Schaden zu beheben, muss der Welpe daran gehindert werden, auf dem Bauch oder Rücken zu liegen und braucht ein aktives Lauftraining. Binden Sie unter Umständen die Hinterbeine zusammen, damit sie nicht wegrutschen. Die gute Nachricht: Mit den richtigen Maßnahmen wird aus dem Flat Puppy sehr schnell ein Happy Puppy.

NABELBRUCH

Im ersten Teil des Kapitels haben wir die neonaten Erkrankungen besprochen. Leider können aber im Lauf der Entwicklung des Welpen noch weitere Probleme auftreten. Durchfallerkrankungen, Schnupfen, Augenentzündungen und Ähnliches finden sich in Büchern über Hundekrankheiten, die würden den Rahmen unseres Buches sprengen. Wir gehen daher hier nur über angeborene Fehlbildungen ein, die sich nicht gleich von Geburt an bemerkbar machen. Viele „Miss- oder Fehlbildungen" und angeborene Erkrankungen kommen bei bestimmten Rassen gehäuft vor. Um welche Erkrankungen es sich handelt, findet man in der Literatur, erfahrene Züchter geben Auskunft oder auch die Zuchtverantwortlichen des Rassehunde-Klubs, dem der Züchter angeschlossen ist. Es kommen gefühlt täglich neue Erkrankungen hinzu, andere wiederum sind züchterisch selektiert worden und verschwinden dann aus dem Fokus.
Ob Elternteile bestimmte Erkrankungen vererben oder nicht, kann man in vielen Fällen mittels eines Gentests untersuchen, dazu finden Sie im Abschnitt genetische Untersuchungen mehr. Da es unzählige vererbte Erkrankungen bei Hunden gibt, werden im Folgenden nur besonders häufige Erkrankungen besprochen. Dazu gehört auch der Nabelbruch.
Zunächst die gute Nachricht: Ein Nabelbruch bei einem Welpen ist in der Regel nicht lebensbedrohlich und in den meisten Fällen lediglich ein Schönheitsfehler.
Wie entsteht so ein Nabelbruch und was ist das eigentlich?
Durch den Bauchnabel führt beim Fötus die Nabelschnur als Verbindung zur mütterlichen Plazenta. Nach der Geburt wird die Nabelschnur durchtrennt. Der am Welpen verbleibende Nabelschnurrest trocknet ein und fällt ab; das in der Bauchdecke bestehende Loch wächst zu. Geschieht dies nicht und das Loch bleibt offen, entsteht ein Nabelbruch.

KÖRPERTEMPERATUR IM WELPENALTER

Alter	Temperatur
Bis Tag 7	34,8–37,0 °C
2 Wochen	35,0–37,8 °C
3 Wochen	36,8–38,8 °C
>3 Wochen	38,0–39,0 °C

WIE ERKENNE ICH EINEN NABELBRUCH?

Der Nabelbruch ist eine kleine weiche Vorwölbung am Unterbauch, darin befindet sich in der Regel Fett aus dem Bauchraum. Das lässt sich durch leichten Druck wieder in die Bauchhöhle zurückdrücken. Ein kleiner Nabelbruch ist ein Schönheitsfehler, kompliziert wird es, wenn der Nabelbruch von vornherein sehr groß ist oder sich das Loch in der Bauchwand durch das Wachstum der schwerer werdenden Bauchorgane vergrößert. Dann besteht die Gefahr, dass sich in dem Loch Darmteile einklemmen und zu lebensbedrohlichen Komplikationen durch Abschnürung der Darmteile kommt.

URSACHE FÜR EINEN NABELBRUCH

Es geistern viele Theorien durch die Köpfe und durch das Internet. Fest steht, der Nabelbruch ist eine genetische Veranlagung, die von beiden Elterntieren vererbt werden kann. Da es sich um einen polygenen Erbgang handelt (d. h. es sind viele verschiedene Gene am Geschehen beteiligt), ist es eigentlich unmöglich, diese erbliche Veranlagung züchterisch in den Griff zu bekommen.

BEHANDLUNG

Auch hier geistern sehr viele Behandlungsprotokolle mit abstrusen Methoden durch die Welt. Weder Einbandagieren, noch „Pflaster drauf", noch ätzende Salbe (Vorsicht, sehr gefährlich!), noch Globuli oder Pflanzenextrakte helfen.

Wenn der Nabelbruch sehr klein bleibt oder auch verwächst, d. h. der kleine Fettknubbel sich nicht mehr bewegen lässt, dann ist das ein Schönheitsfehler und nicht behandlungsbedürftig. Ist der Nabelbruch jedoch größer, sollte er operiert werden. Am besten geschieht dies nach der 8. Lebenswoche. Bis zur 8. Lebenswoche besteht die Chance, dass der Nabelbruch sich schließt, außerdem sind Vollnarkosen bei sehr jungen Welpen sehr viel schwieriger und risikoreicher als bei älteren Hunden. Deshalb sollte man, falls möglich, warten bis der Welpe mindestens ein halbes Jahr alt ist.

WAS SAGT DER ZUCHTVERBAND?

Das wird je nach Verein und Zuchtbestimmungen unterschiedlich gehandhabt. Der Nabelbruch hat ein erbliches Geschehen als Ursache, das sich aber nicht gut eliminieren lässt, eben weil viele verschiedene Gene an der Entstehung eines Nabelbruchs beteiligt sind. Daher ist es total unsinnig, ansonsten gesunde Hunde wegen der Vererbung von Nabelbrüchen aus der Zucht zu nehmen oder mit einem Zuchtverbot zu bestrafen.

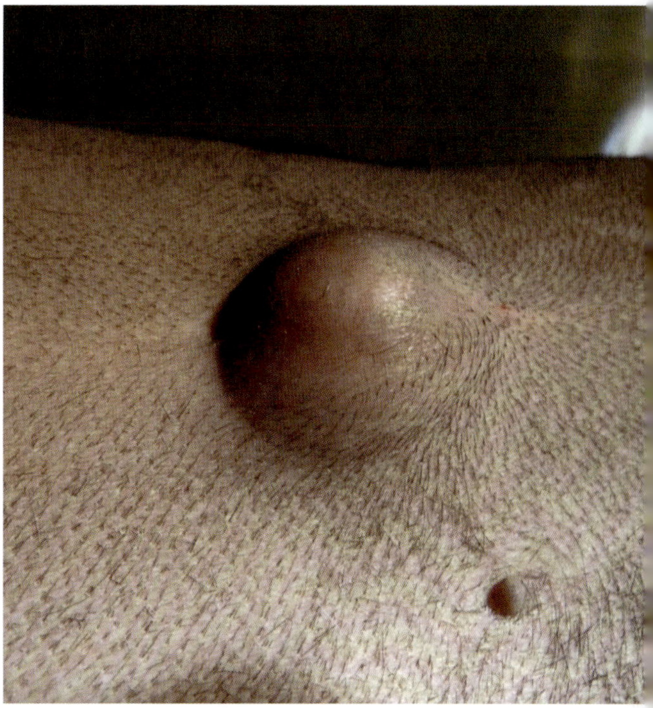

Ausgeprägter Nabelbruch, …

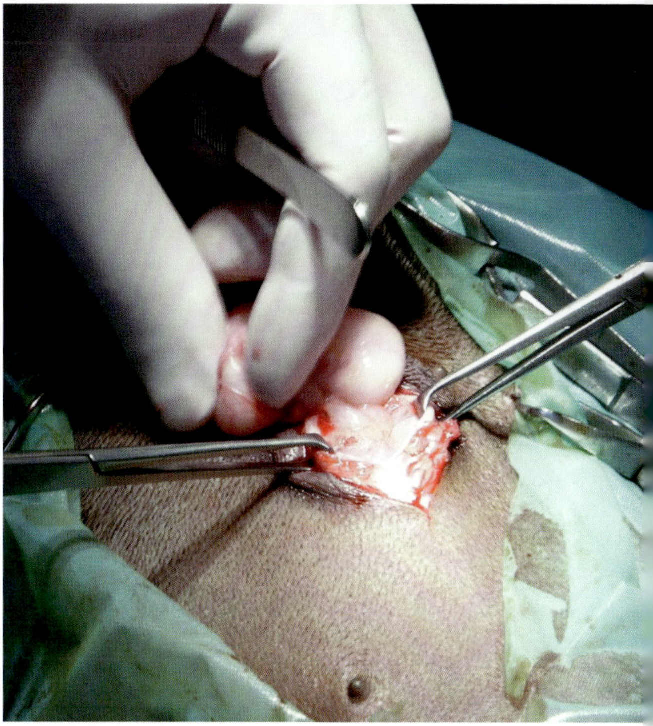

… der operativ behandelt werden musste.

Kleine Hunderasse neigen eher als größere zu Kryptorchismus.

KRYPTORCHISMUS ODER EINHODIGKEIT

Der landläufige Begriff „Einhodigkeit" ist eigentlich falsch, denn ein Welpe, der ein sog. „Einhoder" ist, hat beide Hoden, nur befindet sich ein Hoden (manchmal auch beide) nicht da, wo er hingehört, nämlich im Hodensack.
Der Kryptorchismus ist die häufigste „Erbkrankheit" des Hundes. Sie kommt bei kleinen Hunderassen deutlich häufiger vor als bei großen. Rassen mit einem hohen Inzuchtkoeffizienten sind ebenfalls besonders häufig betroffen. Das spricht dafür, dass der Kryptorchismus erblich ist. Das Problem dabei ist, dass auch die Mutter das Merkmal vererben kann, obwohl sie es selbst nicht ausprägen kann, denn sie hat ja keine Hoden.

WIE ENTSTEHT DER KRYPTORCHISMUS?

Zum Zeitpunkt der Geburt befinden sich beide Hoden in der Bauchhöhle. Ungefähr mit dem fünften Lebenstag beginnt die sog. Hodenmigration. Die Hoden wandern durch den Leistenkanal in den Hodensack. Diese „Wanderung" dauert ungefähr 35–40 Tage, sodass die Hoden normalerweise im Alter von acht Wochen im Hodensack tastbar sind. In der Mehrzahl der Fälle ist

ACHTUNG!

Bei besonders kleinen Hunderassen, wie Chihuahua, Kaninchenteckel oder Toy Pudel kann die Diagnose Kryptorchismus im Alter von acht Wochen schwierig sein, weil die Hoden sehr klein sind und nicht unbedingt immer einfach zu tasten.

der Kryptorchismus einseitig ausgeprägt, interessanterweise ist häufiger der rechte Hoden nicht im Hodensack auffindbar.
Bei den meisten Zuchtverbänden wird in der achten Lebenswoche eine sog. Wurfabnahme von einem Zuchtwart vorgenommen. Zuchtwarte sind besonders geschulte Mitglieder des Verbands und kontrollieren, ob die Welpen gesund sind, ob sie Fehler haben, ob es der Mutter gut geht und Vieles mehr. Spätestens bei der Wurfabnahme oder auch bei der ersten Impfung beim Tierarzt wird dann festgestellt, ob ein Kryptorchismus vorliegt.
Kryptorche Hoden können oberhalb des Hodensacks, im Leistenkanal oder sogar in der Bauchhöhle liegen. Um die Verwirrung komplett zu machen: Oft kommen unterschiedliche Untersucher zu unterschiedlichen Ergebnissen. Das hängt damit zusammen, dass es sog. Schlupf- und Gleithoden gibt. Das heißt der Hoden ist an seinem Hodenband bis zum Alter von 6 Monaten beweglich, also heute befindet er sich im Hodensack, morgen etwas oberhalb des Hodensacks. Das ist sehr verwirrend, aber völlig normal. In manchen Fällen „schlüpft" ein solcher Hoden durch den Leistenkanal wieder in die Bauchhöhle oder kommt dann auch durch den gleichen Kanal wieder aus der Bauchhöhle heraus. Zudem ist es so, dass die kleinen Rüden sehr kälteempfindlich und „kitzelig" an ihren Hoden sind. Am Hoden gibt es einen kleinen Muskel, der Musculus cremaster, der den Hoden sehr gut hin und her bewegen kann.

WAS NUN?

Im Alter von sechs Monaten schließt sich der Leistenkanal und der Hoden bleibt, wo er ist. Nämlich entweder in der Bauchhöhle oder außerhalb. Dann kann er im Leistenkanal oder aber in der richtigen Stelle, nämlich im Hodensack, liegen. Daher ist es eigentlich unsinnig, die Diagnose Kryptorchismus vor dem sechsten Lebensmonat zu stellen. Da die Welpen vom Züchter aber meistens mit acht Wochen abgegeben werden, muss diese Diagnose natürlich bei der Wurfabnahme dokumentiert werden.
Ob ein Hoden, der sich im Hodensack befindet, wieder in die Bauchhöhle heraufgezogen werden kann, ist weder bewiesen, noch widerlegt. Da der Spalt im Leistenkanal sehr klein ist, ist das zwar unwahrscheinlich, aber eben nicht bewiesen. Das Gleiche gilt für Hoden, die sich im Leistenkanal befinden.
Ein kryptorcher Hoden sollte entfernt werden, da diese fehlliegenden Hoden zu tumoröser Entartung neigen können.

STREITFALL KRYPTORCHISMUS

Um nichts wird bei Hundekäufen mehr gestritten als über den Kryptorchismus. Diese Fälle landen dann häufig vor Gericht. Dann wird ein Gutachten von einem Tierärztlichen Sachverständigen angefertigt, der eben das oben Gesagte feststellt. Also wenn im Wurfabnahmeprotokoll festgehalten wird, dass der Hoden im Hodensack war, heißt das noch lange nicht, dass er vier Wochen später nicht in der Leiste sitzt. Um dieses Problem aus der Welt zu schaffen, werden Hunde, die besonders viele kryptorchide Welpen hervorbringen, manchmal von der Zucht ausgeschlossen. Meistens betrifft das aber nur die Deckrüden, was unsinnig ist, da die Mutterhündin das Merkmal auch vererben, aber selbst nicht entwickeln kann.

TAUBHEIT

Welpen werden mit geschlossenen Gehörgängen geboren. Diese öffnen sich erst nach der Geburt, und die Welpen fangen an zu hören. Leider gibt es aber viele Rassen, die von erblicher Taubheit – manchmal auch nur auf einem Ohr – betroffen sind. Gefährdet sind grundsätzlich Hunde mit ausgedehnter Weißscheckung am Kopf. Je weniger Pigment ein Hund hat, desto größer ist das Taubheitsrisiko.
Allerdings kommt Taubheit auch bei Hunden mit normaler Pigmentierung vor. Es sind vor allem die sog. merlefarbigen Hunde betroffen. Das sind Hunde, die dreifarbig sind, also die „bunten" Hunde. Mehr dazu lesen Sie im Buch Farbgenetik beim Hund von Anna Laukner (siehe Service).
Leider lässt sich nicht so ohne Weiteres feststellen, ob ein Welpe taub ist, manchmal hat man eine Vermutung, manchmal merkt man dem Welpen überhaupt nichts an. Ein Hörtest so nach dem Motto, ich klatsche in die Hände und dann merke ich schon, ob mein Welpe hört, funktioniert leider gar nicht. Man kann das Hörvermögen aber gut mittels eines sog. BAER- oder AEP-Audiometrie-Tests durchführen. Das geht bereits ab der ca. sechsten Lebenswoche, in der Regel muss der Welpe für die Untersuchung leicht sediert werden. Manche Zuchtverbände von Hunderassen, die regelmäßig unter Taubheit leiden, wie z. B. die Dalmatiner, schreiben einen Hörtest bei allen Welpen vor.

LEBERSHUNT

Der Lebershunt ist eine, meistens angeborene, Lebergefäßmissbildung. Die Leber kann den Körper nicht entgiften und Giftstoffe abbauen, diese reichern sich im Blut an und können zu neurologischen Symptomen und Hirnschäden führen.

WELCHE RASSEN SIND BETROFFEN?

Grundsätzlich kommt diese Missbildung bei allen Rassen vor. Besonders häufig betroffen sind: Dackel, Lhaso Apso, Mops, Malteser, Pudel, Pekinese, Shih Tzu, Yorkshire Terrier, und der Zwergschnauzer, Deutscher Schäferhund, Golden Retriever, Irish Setter, Irish Wolfhound und der Samojede.

WAS GENAU FUNKTIONIERT DA NICHT?

Eine der Hauptaufgaben der Leber ist die Blutreinigung und der Abbau von Stoffwechselprodukten, vor allem aus dem Darm. Die Pfortader ist vor allen Dingen für die Blutversorgung der Leber verantwortlich.

Hunde mit hohem Weißanteil am Kopf, ...

Die Pfortader entsteht durch den Zusammenfluss der Venen der meisten Bauchorgane. Neben diesem großen Gefäß verlaufen noch andere Blutgefäße im Bauch, deren Blut direkt in das Herz fließt, ohne vorher die Leber zu passieren. In der Entwicklung des Embryos kommt es zu einer ständigen Neuanlage und Verschmelzung von Blutgefäßen. Bei einigen Tieren kommt es durch Zufall oder durch genetische Veranlagung zur Ausbildung einer Verbindung zwischen den Gefäßanteilen der Leber und den restlichen Körpergefäßen. Diese Gefäße bezeichnet man dann als Shuntgefäße (Verbindungsgefäße). Laufen sie vor der Leber von der Pfortader zu einem Blutgefäß im Körper, bezeichnet man diese Form als extrahepatischen Shunt (EHS). Ein intrahepatischer Shunt läuft aus der Leber heraus in den Körperkreislauf, bevor das Blut ausreichend gefiltert wurde.

Da das Blut sie nicht mehr erreicht, kann die Leber den Körper nicht mehr entgiften und keine Eiweißstoffe, Fett und Zucker synthetisieren, die der Körper benötigt.

WIE MACHT SICH DAS BEMERKBAR?

Betroffene Welpen entwickeln sich zunächst schlechter als ihre Wurfgeschwister. Sie erbrechen, sie nehmen nicht zu, haben Durchfälle und im schlimmsten Fall zeigen sie bereits neurologische Symptome wie Fressen von Gegenständen, Im-Kreis-Laufen, Gegen-die-Wand-Rennen, Starr-vor-sich-Hinstarren oder auch Krampfanfälle.

... oder auch bestimmte Rassen wie Dalmatiner, können taub sein.

WIE KANN MAN DAS DIAGNOSTIZIEREN?

Meistens haben diese Tiere veränderte Blutwerte, niedrige Leberwerte, wenig Eiweiße im Blut und eine hohe Blut-Ammoniakkonzentration. In vielen Fällen benötigt man zur Diagnose aber bildgebende Verfahren wie Ultraschall, aber auch CT-Untersuchungen.

WIE WIRD DIE ERKRANKUNG BEHANDELT?

Es wird häufig beschrieben, den betroffenen Hunden mit einer speziellen Diät und Medikamenten zu helfen, das funktioniert, aber nicht gut. Eine Heilung kann man nur mit einer Operation erreichen, die den Verschluss des Shunt-Gefäßes zum Ziel hat. Diese Operation ist sehr kompliziert, manchmal sind auch mehrere Eingriffe nötig. Daher wird sie nur von Spezialisten oder den veterinärmedizinischen Universitätskliniken durchgeführt.

HERZERKRANKUNGEN

Es gibt eine Vielzahl von Herzerkrankungen, die erblich bedingt sind und von vielen Zuchtverbänden untersucht und reglementiert werden. Diese Fehlbildungen machen sich manchmal klinisch gar nicht bemerkbar und manchmal führen sie zu schweren gesundheitlichen Problemen.
Es ist unmöglich, alle Herzfehlbildungen aufzuführen, deswegen beschreiben wir nur die häufigsten.

PULMONALSTENOSE

Angeborene Fehlbildung der Semilunarklappen oder Verengung der Arteria pulmonalis. Das hat zur Folge, dass der Blutabfluss aus der rechten Herzkammer erschwert wird.

AORTENSTENOSE

Angeborene Verengung der Aorta im Bereich der Aortenklappen. Dies führt zu einer Herzvergrößerung und einer Herzmuskelschwäche.

OFFENER DUCTUS ARTERIOSUS

Da der Fötus im Mutterleib noch nicht atmet, gibt es eine Verbindung, um den Blutkreislauf zur Lunge quasi kurzzuschließen. Dies ist der sog. Ductus arteriosus botalli. Sobald der Welpe atmet, schließt sich dieses Blutgefäß und bildet sich zurück. Manchmal geschieht dies eben nicht und es kommt zu schweren Herzproblemen.

PERSISTIERENDER RECHTER AORTENBOGEN

Der rechte Aortenbogen ist eine Blutgefäßmissbildung. Sie zweigt von der Aorta ab und schnürt die Speiseröhre von außen ein. Dies führt zum Regurgitieren der Nahrung (Ausspucken von Fressen, das den Magen noch nicht erreicht hat), mangelnder Gewichtszunahme und manchmal kommt es auch zu Lungenentzündungen, weil das Futter in die Lunge gelangt, wenn es wieder hochgewürgt wird.

VENTRIKELSEPTUMDEFEKT (PERSISTIERENDES FORAMEN OVALE)

Welpen werden alle mit einem Loch in der Herzscheidewand geboren. Da ein Fötus nicht atmet, braucht er auch keinen Lungenblutkreislauf, daher wird durch dieses Loch wie beim Ductus botalli auch der Lungenkreislauf quasi kurzgeschlossen. Normalerweise schließt sich dieses Loch nach der Geburt sehr schnell, manchmal bleibt es aber auch offen. Häufig treten der offene Ductus botalli und das offene Foramen ovale auch gleichzeitig auf. Das führt zu schweren Herzproblemen, viele betroffene Welpen sterben aber auch kurz nach der Geburt.

FALLOT'SCHE TETRALOGIE

Eine Blutgefäßmissbildung, die quasi die Kombination der oben beschriebenen Herzmissbildungen ist. Welpen mit einer Fallot'schen Tetralogie sterben meistens nach wenigen Lebenstagen.

Oft verlaufen vor allem die Stenosen ohne Symptome. Vielfach findet der Tierarzt bei der ersten Untersuchung des Welpen erste Hinweise, ein Herzgeräusch.
Der Goldstandard für die Diagnostik einer Herzerkrankung ist der Herz-Ultraschall, der problemlos auch beim jungen Hund durchgeführt werden kann. Manche Zuchtverbände schreiben Herzuntersuchungen von Hunden vor, mit denen gezüchtet werden soll, bei manchen Verbänden geschieht dies auf freiwilliger Basis.

ANGEBORENE AUGENERKRANKUNGEN

Genetisch veranlagte Augenprobleme sind von Geburt an vorhanden, doch ihre Symptome entwickeln sich möglicherweise erst im Laufe der Zeit.

DYSPLASIE DER STÄBCHEN UND ZÄPFCHEN, NETZHAUTDYSPLASIE

Diese Augenerkrankungen sind nur von einem Spezialisten für Tieraugenheilkunde zu diagnostizieren. Alle führen aber zu einem mehr oder weniger schnellen Erblinden des Welpen. Diese Erbkrankheiten sind nicht heilbar.

Die blauen Augen sind keine Erkrankung, sondern entstehen durch vererbtes Fehlen von Pigment.

MIKROPHTALMIE

Angeborene Entwicklungsstörung der Augäpfel. Diese sind zu klein und weisen auch noch andere Defekte auf, wie Linsentrübung, Netzhautablösung und andere Sehstörungen.

KONGENITALER PRIMÄRER KATARAKT

Ein Katarakt ist eine Trübung der Augenlinse, auch als Grauer Star bezeichnet. Wenn Hunde älter werden, lagern sich Fasern in der Augenlinse ab und sie wird trüb. Das ist ein normaler Alterungsprozess, der mit ungefähr sechs Jahren beginnt. Es gibt allerdings Hunde, die mit trüben Linsen geboren werden. Betroffen sind vor allem Spaniel-Rassen, aber auch viele andere. Die Operation eines Katarakts beim Hund ist wesentlich schwieriger als beim Menschen, daher wird ein Alterskatarakt selten operiert, bei einem angeborenen Katarakt des jungen Hundes lohnt sich die Operation aber durchaus.

LABORANALYSEN

GENTESTS

Der Genotyp eines Hundes, also seine Gene oder sein Erbmaterial, ist unveränderlich. Das ist übrigens bei allen Tieren und auch dem Menschen der Fall. Daher können Gentests unabhängig vom Alter und bereits sehr früh bei Welpen vorgenommen werden. Als Probenmaterial kann man einen Abstrich der Backenschleimhaut oder eine Blutprobe verwenden. Beim Backenabstrich werden mit einer kleinen Büste aus der Backenschleimhaut Zellproben gewonnen. Diese Methode eignet sich sehr gut bei jungen Welpen.
Eine andere Möglichkeit ist, beim Tierarzt eine Blutprobe entnehmen zu lassen und diese dann untersuchen zu lassen. In vielen Zuchtvereinen wird zur Qualitätsuntersuchung inzwischen ein Backenabstrich oder eine Blutprobe zum Abstammungsnachweis verlangt. Mit dieser Probe kann man dann feststellen, ob der Welpe auch wirklich von den Eltern abstammt, die dann in der Ahnentafel stehen. Das geschieht, indem man das Genmaterial mit dem der Eltern vergleicht. Dabei kann es zu Überraschungen kommen, denn es gibt immer wieder Würfe, die verschiedene Väter haben, wenn der Züchter mehrere Rüden besitzt.

WELCHE RASSEN SIND IN MEINEM MISCHLING?

Man kann mittels eines Gentests auch die Rassezugehörigkeit seines „Mischlings" testen lassen. Diese Tests werden im Internet angeboten und sind deutlich günstiger als die eines tiermedizinischen Labors. Das ist die gute Nachricht, die schlechte Nachricht: Leider sind sie aber extrem ungenau und oft auch falsch, deswegen lieber etwas mehr Geld ausgeben und dafür ein zuverlässiges Ergebnis bekommen.

LABORUNTERSUCHUNG

In Deutschland hat sich ein großes Labor in Bayern als Spezialist für genetische Untersuchungen etabliert. Es gibt zum Stand der Veröffentlichung dieses Buches ca. 350 verschiedene Gentests bei Hunden. Das ist aber keine statische Zahl, sondern es kommen ständig neue Untersuchungen hinzu. Da nicht bei allen Rassen die gleichen Erbkrankheiten untersucht werden müssen, gibt es „Pakete" für die einzelnen Hunderassen, bei denen eben nur auf die für die jeweilige Rasse relevanten Krankheiten getestet wird.
Für diese Untersuchungen reicht meistens der Backenabstrich, manche Zuchtvereine fordern aber eine Blutprobe.

HD, ED, OCD

Es würde den Rahmen unseres Buches sprengen, alle erblichen Erkrankungen, die man beim Hund untersuchen kann, aufzuführen. Da aber jeder von HD (Hüftgelenksdysplasie), OCD (Osteochondrosis dissecans) oder auch ED (Ellenbogengelenksdysplasie) schon mal gehört hat, soll es der Vollständigkeit halber erwähnt werden. Diese Erkrankungen sind durch die Vererbung sehr stark beeinflusste Erkrankungen des Skelettsystems. Da sie meistens beim

Röntgenuntersuchungen zu Skeletterkrankungen werden meistens ab einem Jahr durchgeführt.

jungen Welpen keine Rolle spielen und es sich bei unserem Buch um das Zuchtbuch handelt, werden sie nicht ausführlich besprochen. Es sind Erkrankungen, die im Laufe des Wachstums Relevanz erlangen können und die mittels einer Röntgenuntersuchung, meistens im Alter von 12 Monaten, diagnostiziert werden können. Dazu gehören auch Keilwirbeluntersuchungen bei Möpsen und Französischen Bulldoggen sowie die Vermessung des Luftröhrendurchmessers bei Englischen Bulldoggen und zahlreiche andere Untersuchungen.
Der jeweilige Rassehundeverband schreibt vor, welche Untersuchungen durchgeführt werden müssen; entweder zur Zuchtzulassung oder zur Überprüfung der Nachkommen. Manchmal wird das auch im Kaufvertrag geregelt und der Welpenkäufer verpflichtet sich, diese Untersuchungen durchführen zu lassen.
Alle diese Untersuchungen machen aber nur Sinn, wenn die Röntgenuntersuchungen tatsächlich von einem unabhängigen Gutachter befundet werden. Es ist immer Vorsicht geboten, was das Ergebnis der Untersuchung angeht, wenn der jeweilige Tierarzt sein eigenes Röntgenbild beurteilen darf.
Nicht weil er es nicht kann, sondern weil er nicht unabhängig ist, denn der Züchter, der die Untersuchung veranlasst, ist ja sein Kunde.

Welche Rassen stecken in meinem Hund? Die Frage ist durch Gentests zu beantworten.

ZÄHNE

Der Mensch hat 32 Zähne, der Hund im Idealfall 42, also zehn mehr. Genau wie beim Menschen erfolgt bei Hunden ein Wechsel von Milchzähnen zu erwachsenen Zähnen. Der Hund ist mit dieser Entwicklung allerdings turboschnell fertig und hat normalerweise im Alter von acht Monaten sein bleibendes Gebiss. Bis dahin passiert aber einiges und es kann auch einiges schief gehen.

Das Hundegebiss besteht aus vielen unterschiedlich geformten Zähnen, zum Beispiel kleine Schneidezähne mit einer Pfahlwurzel (I = Incisivi), dem einwurzeligen, aber sehr prominenten Eckzahn (C = Caninus), der auch Fangzahn genannt wird. Die vorderen Backenzähne werden auch Prämolaren genannt (= P). Die Prämolaren können sehr unterschiedlich aussehen und auch eine unterschiedliche Anzahl von Wurzeln haben. Der P1 ist der kleinste und hat nur eine Wurzel, genau wie der M3. Die anderen Prämolaren haben zwei Wurzeln, bis auf den P4 im Oberkiefer mit drei Wurzeln. Dieser Zahn wird auch Reißzahn genannt, da er die „Beute" im Zusammenspiel mit dem M1 im Unterkiefer beim Fressen zerreißt bzw. zerschneidet. Die Prämolaren im Unterkiefer sind alle zweiwurzelig. Die Backenzähne (Molaren = M) besitzen ebenfalls eine unterschiedliche Anzahl von Zahnwurzeln. Der M1 im Unterkiefer ist der größte Backenzahn und hat zwei Wurzeln, der M1 und der M2 im Oberkiefer haben drei Wurzeln. Die M1 und M2 im Unterkiefer hingegen haben nur zwei Wurzeln, der M3 im Unterkiefer allerdings nur eine. Zusammengefasst gibt es im Hundegebiss drei Zähne mit drei Wurzeln: P4 im Oberkiefer, M1 und M2 im Oberkiefer.

Warum ist das so und warum haben andere Tierarten ganz anders geformte Zähne? Das liegt an der Lebensweise und der Ernährung. Ein Pflanzenfresser wie Pferde oder Schafe und Rinder müssen ihre Nahrung klein mahlen, um sie zu verdauen. Hunde sind Fleisch-Allesfresser, sie fressen aber auch größere Stücke, deswegen haben sie ein sog. sekodontes (= schneidendes) Gebiss. Die wichtigsten Zähne zum Zerkleinern der „Beute" des Hundes sind der P4, M1 und M2 im Oberkiefer und der M1 im

DAS HUNDEGEBISS

- 2 Zahngenerationen
- Getrennte Zahnanlagen für Milchzähne und bleibende Zähne
- Zahndurchbruch 3.–6. Lebenswoche (Welpe kommt zahnlos auf die Welt)
- 28 Milchzähne
- 42 bleibende Zähne
- Zahnwechsel Milchgebiss zu erwachsenem Gebiss mit 8. Lebensmonat abgeschlossen.
- P1 erster Zahn im erwachsenen Gebiss (den gibt es im Milchgebiss nicht)

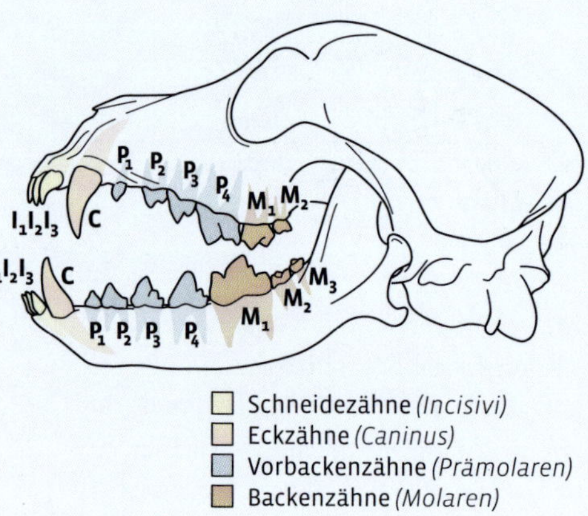

Unterkiefer. Deshalb sind sie mit mehreren Wurzeln ausgestattet und auch die größten Zähne im Gebiss. Der sehr prominente Eckzahn hat zwar nur eine Wurzel, aber die ist riesig und deutlich größer und länger als die Zahnkrone. Diesen Zahn braucht der Hund bzw. Wolf, um seine Beute zu „fangen" (Fangzahn), aber auch um sie festzuhalten. Der Fangzahn ist der gefährlichste Zahn des Hundes, bei Hundebissen führt er zu erheblichen und tiefen Verletzungen.

Je nach Rassezugehörigkeit haben Hunde unterschiedliche Kieferlängen und unterschiedliche Zahnstellungen.
Die meisten Hunderassen haben ein sog. Scherengebiss, dies ist durch einen „scherenartigen" Kieferschluss der Schneidezähne gekennzeichnet. Hierbei liegen die Oberkieferschneidezähne etwas vor den Unterkieferschneidezähnen, berühren sich aber.
Beim Vorbiss ist der Unterkiefer etwas länger und die Unterkieferschneidezähne liegen vor den Oberkieferschneidezähnen, bei Rückbiss ist dies genau umgekehrt. Außerdem gibt es noch Sonderformen wie den Kreuzbiss und das Zangengebiss.

IST DER HUND EIN ALLESFRESSER?

Die Antwort ist Jein!
Der Hund stammt vom Wolf ab und gehört zur Ordnung der Karnivoren, also der Fleischfresser. Er hat sich im Laufe der Evolution dem Menschen angepasst und ist im Gegensatz zum Wolf besser in der Lage, stärkehaltige Nahrung zu verdauen.
Der Begriff Fleischfresser ist insofern irreführend, weil Fleischfresser sich ja nicht nur von Fleisch ernähren, sondern von Beutetieren. Die Beutetiere werden bis auf schwer verdauliche Teile wie Skelett, Haut, Haare usw. vollständig gefressen. Auch der Fleischfresser (Wolf) frisst z. B. mit dem Magen-Darm-Inhalt seiner Beute auch stärkehaltige Bestandteile. Er kann Stärke aber nicht so gut verdauen wie der Haushund.

Die Backenzähne eignen sich zum Nagen von harten Nahrungsmitteln.

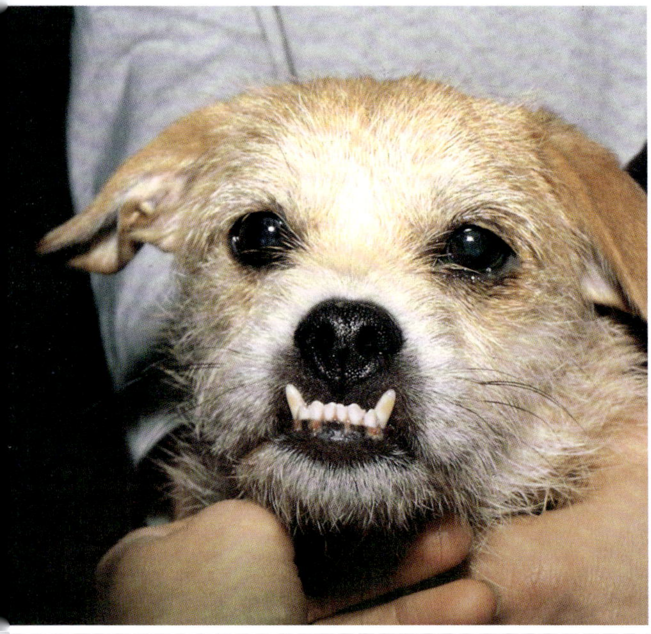

Beim Vorbiss ist der Unterkiefer etwas länger, sodass die Schneidezähne vor den Oberkieferschneidezähnen stehen.

WARUM IST DAS WICHTIG?

In der Rassehundezucht gibt es für jede Rasse den sog. Rassestandard, das ist die „Bauanleitung" für den Hund. Darin wird genau beschrieben, wie der Hund aussieht, welche Gebissstellung er hat, welche Zähne fehlen dürfen und welche Abweichungen zu einem Zuchtausschluss führen. So ist z. B. ein Scherengebiss bei einem Bully ein Fehler, während es bei den meisten anderen Hunderassen völlig normal ist.
Es gibt leider sehr wenige wissenschaftliche Untersuchungen darüber, welche Zahn- und Kieferanomalien erblich bedingt sind. Grundsätzlich lässt sich sagen, dass Fehlstellungen einzelner Zähne wahrscheinlich nicht erblich sind, ebenso wie das doppelte Vorkommen einzelner Zähne. Ausnahme ist die Zwillingszahnbildung.

Fehlen der M3 im Unterkiefer und der P1 im Ober- oder Unterkiefer, ist das wahrscheinlich erblich bedingt.
Die Kieferlänge wird vererbt, deswegen zeigen ja manche Rassen regelmäßig einen Vorbiss, das sind vor allem die kurzköpfigen oder brachycephalen Hunderassen.

ZAHNPROBLEME BEI WELPEN

Am häufigsten kommt sicherlich das Persistieren (d. h. der Milchzahn fällt nicht aus) der Milch-Canini vor. Es wird oft behauptet, dass dieses Problem nur bei kleinwüchsigen Rassen vorkommt. Das stimmt insoweit, als dass es bei kleinen Hunderassen häufig vorkommt, aber ich habe es in meiner Praxis auch schon bei Schäferhunden, Labradoren, Rottweilern und anderen großen Hunderassen gesehen.

WAS GENAU LÄUFT SCHIEF?

Milchzähne haben Wurzeln, die im Kiefer verankert sind, genau wie Zähne des erwachsenen Gebisses. Normalerweise drückt der erwachsene Zahn, der sich aus dem Kiefer schieben will, von oben auf die Wurzel des Milchzahns. Die Wurzel wird resorbiert und der Milchzahn fällt aus, dann tritt der erwachsene Zahn an seine Stelle. Beim Persistieren des Milch-Caninus geschieht das nicht, sondern der erwachsene Zahn bricht neben, hinter oder vor dem Milch-Caninus aus dem Kiefer. Das bedeutet natürlich, dass die Wurzel des Milchzahns nicht resorbiert wird und der Zahn folglich nicht ausfällt. Das hat zur Folge, dass beide Zähne hintereinander im Kiefer liegen. Das an sich wäre nicht schlimm, aber das hat zur Folge, dass es zu Zahnfehlstellungen der unteren Cani-

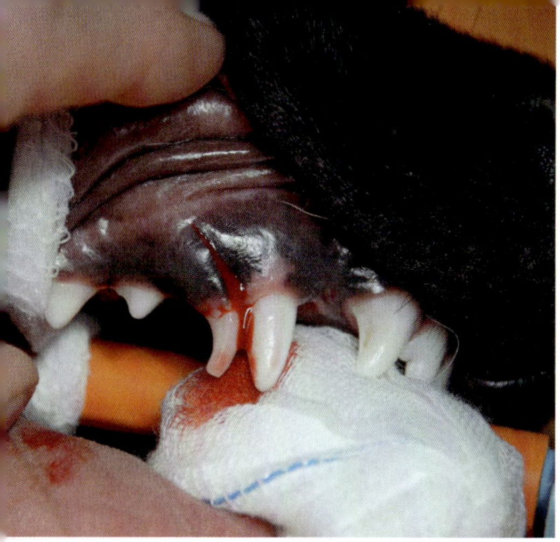

01

02

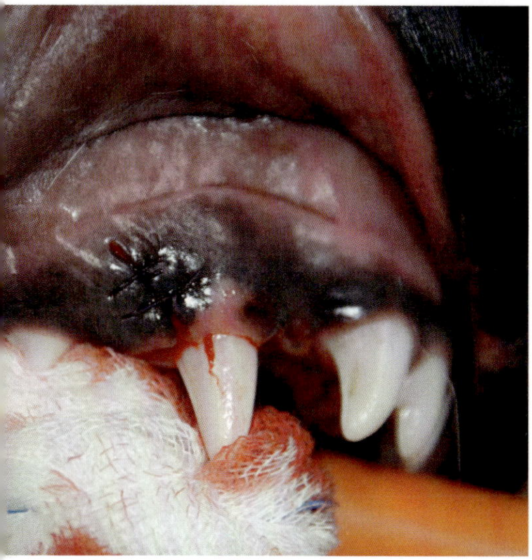

03

ni kommen kann; das kann Wachstumsstörungen des Unterkiefers und bleibende Schäden im Gebiss verursachen, deshalb müssen persistierende Milch-Canini unbedingt gezogen werden. Das gilt übrigens auch für alle anderen Milchzähne, die nicht ausfallen.

FEHLENDE ZÄHNE

Fehlende Zähne im Erwachsengebiss werden von den Rassezuchtverbänden sehr unterschiedlich beurteilt. Die Bestimmungen sind wirklich bei jeder Rasse anders. Wenn alle 42 Zähne vorhanden sind, ist das super, je mehr Zähne fehlen und dies sich über Generationen fortsetzt, desto größer ist die Gefahr, dass der Kiefer kürzer wird. Allerdings ist es unsinnig, das Fehlen des M3 im Unterkiefer und/oder das Fehlen der P1 im Unter- und Oberkiefer züchterisch zu reglementieren. Diese beiden Zähne sind phylogenetisch in Rückbildung begriffen. Sie besitzen nur noch eine Wurzel (vor einigen 100 Jahren waren es noch zwei Wurzeln) und sie sind verglichen mit ihren „Backenzahnkollegen“ sehr klein. Das bedeutet, dass sie in einigen 100 Jahren gar nicht mehr vorhanden sein werden. Das ist eine Entwicklung, die auch nicht mehr zu beeinflussen ist. Deshalb ist es unsinnig, Hunde von der Zucht auszuschließen, denen diese Zähne fehlen.

01 *Der erwachsene Zahn ist rechts neben dem Milchzahn gewachsen.*

02 *Die Wurzel des gezogenen Milchzahns hat sich nicht aufgelöst.*

03 *Durch das Ziehen des Milchzahns werden bleibende Schäden im Gebiss verhindert.*

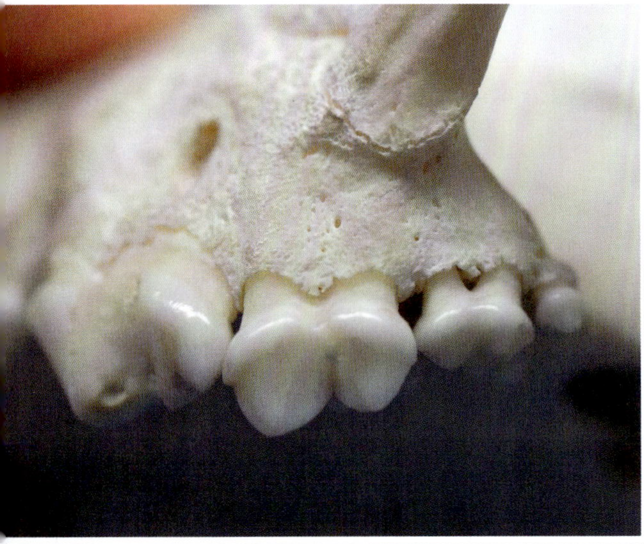

Ein seltener Befund: Der M3 im Oberkiefer.

Bis vor einigen Jahrzehnten hat man bei Hunden auch noch relativ oft den M3 im Oberkiefer gesehen. Dieser Zahn ist heute von der Bildfläche verschwunden. Alle anderen Zähne sollten aber vorhanden sein.

ZAHNPFLEGE

Muss ich meinem Hund wirklich die Zähne putzen oder reicht ein Knochen? Ein Knochen reicht keinesfalls und Zähne putzen ist eine gute Idee.
Die Fütterung von Knochen ist aus tierärztlicher Sicht problematisch. Viele Hunde, die Knochen zum Zähnereinigen bekommen, zerbeißen die Knochen. Diese kleinen Knochenstücke können zu massiver Verstopfung oder Durchfall im besten Fall, im schlimmsten Fall zu einem Darmverschluss oder zu einer Darmverletzung durch spitze Splitter führen. Wenn man Knochen geben möchte, dann unzerstörbare Knochen, Büffelhautknochen oder Kauwurzeln. Aber auch damit kommen manche Hunde nicht klar. Rinderhautknochen werden bei intensivem Kauen weich und schleimig, viele Hunde schlucken dann große Stücke, die entweder im Hals stecken bleiben oder zu Magenproblemen führen können.
Was die Zahnpflege anbelangt: Manche Hunde neigen zu starker Zahnsteinbildung, andere Hunde haben auch in fortgeschrittenem Alter ein makelloses Gebiss. Die Ursachen für Zahnsteinbildung sind vielfältig und es ist auf jeden Fall eine gute Sache, Zähne zu putzen, auch wenn es viele Besitzer albern finden und die Hunde erst recht, wenn man zu spät damit anfängt.
Nach dem Motto „was Hänschen nicht lernt, lernt Hans nimmer mehr“: Fangen Sie bei jungen Welpen ruhig schon im Alter von sechs bis acht Wochen an, die Zähne zu putzen. Natürlich müssen Sie nicht jeden Zahn mit der Bürste oder gar der elektrischen Zahnbürste putzen, das ist was für die Fortgeschrittenen. Besorgen Sie sich einen Mikrofaserfingerling zum Zähneputzen. Die gibt's für Hunde, aber auch für Babies. Zusätzlich brauchen Sie Hundezahnpasta. Die enthält weniger Minze und schmeckt meistens nach Hühnchen oder Ähnlichem, außerdem schäumt sie nicht und kann problemlos von Ihrem Hund geschluckt werden. Streichen Sie etwas Zahnpaste auf den Fingerling und reiben damit vorsichtig parallel zu den Lefzen über die Backenzähne und quer über die Schneidezähne. Hunde gewöhnen sich an die Prozedur sehr schnell, Es gibt tatsächlich nichts, was die mechanische Reinigung der Zähne ersetzen kann, deswegen werfen Sie Ihr Geld nicht für Wunderzahnbürsten, Tinkturen, Gebiss reinigendes Gel etc. raus.
Und zu guter Letzt: Ihr Tierarzt wird Sie lieben, wenn er die Mundhöhle Ihres Hundes ohne Gegenwehr untersuchen kann.

DIE ZUCHTWERTSCHÄTZUNG – ENTSCHEIDUNGSHILFE ODER STERNENDEUTEREI?

An Kopf und Körper gesunde Welpen, das ist das Ziel jeden guten Züchters. Doch wie geht das? Denn Tatsache ist: Hunde können krank werden und bei einigen Rassen weiß man sogar, dass sie zu bestimmten Krankheiten neigen: Anämie, Ataxie, Akrales Mutilationssyndrom, Brachycephalie, Brachyurie, die Canine Ceroid-Lipofuszinose ... – die Liste sogenannter Erbkranheiten ist lang und die Folgen sind oft schmerzhaft, leidvoll, teuer und oft genug endet es mit einem frühen Tod.

Und nun? Wie vermeidet man diese Krankheiten, und wie findet man den richtigen Rüden für seine Hündin? Früher – und wir sprechen jetzt über die Hundezucht in den fünfziger und sechziger Jahren des 20. Jahrhunderts – galt eine einfache Faustregel: „Champion × Champion = immer ein Champion". Problem: So einfach funktioniert Vererbung nicht und tatsächlich ist dieses naive Vorgehen einer der Gründe, warum so viele Rassen heute so krank sind. Wer es besser machen wollte, holte sich beim Zuchtwart Rat (damals die im Verein oft einzige Person, bei der Ausstellungsergebnisse und Prüfungsresultate zusammenliefen und die deshalb einen Überblick über die untersuchten Zuchttiere hatte) oder vertraute einfach auf das eigene Urteil und die beschränkten Möglichkeiten der Recherche. Ende der 80er Jahre wurde es erstmals wissenschaftlich. Das Wort: Zuchtwertschätzung. Es ist ein mathematisches Verfahren, durch das man ursprünglich die Milchleistung von Kühen steigern wollte.

Ausgeprägtes Hüteverhalten zeigen Border Collies aus Arbeitslinien.

Spaß am Wasser wird vererbt und ist häufig Rassemerkmal.

Beide Hunde sind Vertreter von gezielter Zucht.

Die ersten Schritte waren schlicht: Man verpaarte ausgewählte Bullen mit Kühen, deren Milchleistung rund 1.000 Liter über der Leistung einer Durchschnittskuh lag. Ergebnis: Die Töchter dieser „Super-Kühe" gaben nur 125 Liter mehr Milch als der Durchschnitt. Und da das in einem Lebewesen vorhandene Erbgut immer jeweils zur Hälfte vom Vater und der Mutter stammt, lernten die Forscher: Die 1.000-Liter-Kühe hatten „nur" Erbgut für 250 Liter, von denen sie die Hälfte an ihre Töchter vererbten. Die Schlussfolgerung: Der Erblichkeitsgrad für Milchleistung beträgt 25 Prozent.
Über die Jahre wurde das Modell stetig verbessert und was mal „mit einer einfachen Rechnung" anfing, ist heute ein komplexes, statistisches Verfahren, das auch in der Hundezucht eingesetzt wird. Die Größe, Fellqualität, das Risiko einer HD oder ED, die Wahrscheinlichkeit einer Schwergeburt, aber auch die wahrscheinliche Leistung ei-

01

nes Jagdhundes am Wasser ... – fast alles ist berechenbar, solange man die richtigen Daten hat.
„Aber, aber..." werden Kritiker jetzt einwerfen: „Man kann den idealen Hund doch nicht berechnen." Nein, das kann man nicht. Biologie ist schließlich kein Baukasten-System, weshalb der Name „Zuchtwertschätzung" wörtlich zu nehmen ist. Kaum ein Züchter wird die endgültige Entscheidung für einen Rüden allein über den Zuchtwert treffen. Aber er kann Risiken und Möglichkeiten abschätzen.

AUS DER PRAXIS

Beispiel: Ein jagdlicher Züchter der Rasse Magyar Vizsla, er ist Mitglied im Verein Ungarischer Vorstehhunde (VUV), sucht für seine Hündin einen Rüden. Auf einer Leistungsprüfung hat er einen jungen Rüden gesehen, der ihm vom Aussehen und der erbrachten Leistung gefällt. Nun stellt sich die Frage: Passt er? Um das zu klären, bittet er den Zuchtwart seiner Landesgruppe, die Verpaarung mit den im Gießener Rechenzentrum für Tierzucht und angewandte Genetik gespeicherten Daten seiner Rasse durchzuspielen. Über den jungen Rüden sind dort die Ergebnisse seiner ersten Prüfungen und die Resultate seiner Augen- und Hüftuntersuchungen gespeichert, außerdem die Stammbäume aller seiner Vorfahren.
Der Computer vergleicht zunächst alle diese Daten mit den Daten der Hündin und deren Vorfahren und berechnet daraus einen Inzucht-Koeffizienten und die Wahrschein-

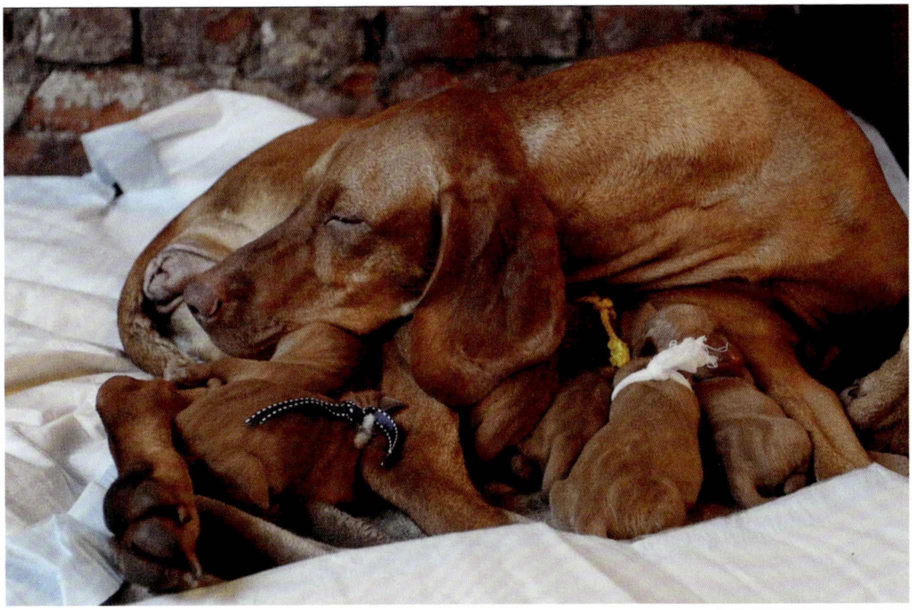

02

lichkeit einer HD, zwei grundlegend wichtige Merkmale, um den Wurf vom Verein überhaupt genehmigt zu bekommen. Außerdem bescheinigt der Computer, sehr zur Freude des Züchters, für die Verpaarung eine überdurchschnittlich hohe Wahrscheinlichkeit für Wasserfreude und eine gute Nasenleistung.

Fazit: Der Züchter hat jetzt eine Entscheidungsgrundlage. Für ihn sind vor allem die gesundheitlichen Aussagen relevant. Die Vorhersagen für die Nasenleistung und Wasserfreude nimmt er freudig zur Kenntnis, weiß aber, dass die Leistung eines guten Jagdhundes nicht allein vom angeborenen Talent, sondern in erster Linie von den Chancen und Möglichkeiten zur Entwicklung abhängt, die die neuen Besitzer ihm bieten. Statistik ist schließlich nicht alles …

01 Die Wahl des passenden Rüden stellt den Züchter vor eine große Herausforderung.

02 Ein gesunder Haufen Welpen bestätigt den Züchter in seinen Bemühungen.

Fazit: Im Jahr 2005 wurde das Genom des Hundes vollständig entschlüsselt. Seither träumen Tierärzte und Züchter von der Möglichkeit, durch einen Blutstropfen erkennen zu können, worunter Hunde in ihrem Leben leiden werden. Entsprechende Forschungen laufen, ein Ergebnis aber ist noch lange nicht in Sicht – und bis es so weit ist, ist die Zuchtwertschätzung die wichtigste Entscheidungshilfe, die ein Hundezüchter haben kann.

FARBGENETIK
— *Von Dr. Anna Laukner*

Die fast unendliche Vielfalt an Fellfarben, die es heute bei Hunden gibt, geht auf nur zwei Grundfarben des Stammvaters Wolf zurück.

Während die Fellfarbe bei wilden Säugetieren fast ausschließlich der Tarnung dient, haben sich im Laufe der Domestikation ganz unterschiedliche Funktionen entwickelt, die die Farbe eines Hundes erfüllen soll. Zwar spielt auch hier die Tarnung eine wichtige Rolle (zum Beispiel bei vielen Jagdhunde- und Herdenschutzhunderassen), es kann aber auch der gegenteilige Zweck erforderlich werden: Viele Rassen sollten beispielsweise besonders gut sichtbar sein.

Für die meisten Rassen legt der FCI-Standard fest, welche Farben rassetypisch sind und oft auch, welche Farben untypisch sind und zur Disqualifizierung führen. Bei einigen Rassen gibt es keine oder kaum Vorschriften bzgl. der Fellfarbe (z. B. beim Whippet, beim Afghanen oder beim Shih Tzu), andere Rassen wiederum sind nur in einer einzigen Farbe anerkannt (z. B. Rottweiler, Weimaraner, Affenpinscher).

Bei „neuen" oder besonders seltenen Farben kann durch gezielte Farbzucht der Inzuchtgrad erhöht werden, was mit gesundheitlichen Problemen einhergehen kann.

FELLFARBE UND GESUNDHEIT

Es gibt eine Reihe an Varianten, die mit gesundheitlichen Problemen verbunden sein können.

Zu diesen Varianten gehört die Merle-Insertion (als Insertion bezeichnet man einen „Einschub" genetischen Materials – sogenannter Basen – in ein Gen). Diese Insertion kann je nach Länge und Genotyp dazu führen, dass die Pigmentbildung unterdrückt wird. Dies kann mit Fehlbildungen im Innenohr einhergehen, die zur Taubheit führen. In schweren Fällen kann zusätzlich auch die Entwicklung des Augapfels beeinträchtigt werden, was zur sogenannten „Mikrophtalmie" führt und mit stark eingeschränktem bis nicht mehr vorhandenem Sehvermögen einhergeht.

Einem Hund mit einer gelblichen Grundfarbe ist kaum bis gar nicht anzusehen, wenn er Merle ist. So kann passieren, dass man einen solchen Hund optisch nicht als Merle einstuft und ihn mit einem anderen Merle-Hund verpaart. Bekommt ein Welpe aus einer Verpaarung zweier Merle-Eltern nun jeweils ein Merle-Allel bestimmter Insertionslänge, so kann dies dazu führen, dass bei ihm diese doppelte „Merle-Dosis" zu einer Schädigung des Seh- und/oder Hörsinnes führt. Aus diesem Grund ist es ratsam, in allen Rassen bzw. Rassekreuzungen, in denen Merle vorkommt, die Zuchttiere auf Merle zu testen, um eine genaue Information darüber zu erhalten, ob sie evtl. verdeckte Merle-Hunde sind.

Dies ist auch rechtlich relevant, denn die Zucht von aufgrund ihres Genotyps blinden/tauben Merle-Hunden stellt einen Verstoß gegen §11b des Tierschutzgesetzes dar (sogenannter „Qualzuchtparagraph").
Gesundheitlich relevant können außerdem bestimmte Formen der Weißscheckung sein. Der zugrundeliegende Mechanismus liegt im gemeinsamen Ursprung von Pigmentzellen und bestimmten schallweiterleitenden Sinneszellen im Innenohr. Wird die Entwicklung der Pigmentzellen gestört, so kann auch die Entwicklung der Sinneszellen betroffen sein. Eine ausgedehnte Weißscheckung im Kopfbereich kann also mit Taubheit verbunden sein.
Bei der Farbverdünnung (Dilution, verantwortlich für blaues und beige („lilac") Eumelanin) kann es zur sogenannten Color Dilution Alopecia (CDA), einer erblichen Hauterkrankung, kommen. Noch ist nicht geklärt, welche Variante an welchem Genort für die Entstehung der CDA verantwortlich ist. Fest steht jedoch, dass die CDA nur dilute Hunde betrifft (wobei nicht jeder dilute Hund an CDA erkrankt).
Albinismus ist eine weitere gesundheitsrelevante Farbvariante. Allerdings nimmt er eine Sonderstellung ein, denn es gibt keine Hunderasse, in der albinotische Hunde dem Standard nach zugelassen sind. Je nach Ausprägungsgrad der jeweiligen Variante sind albinotische Hunde lichtempfindlich und können (vor allem in un- oder dünn behaarten Körperregionen) eine erhöhte Neigung für Hautkrebs aufweisen.
Aus diesem Grund sollte keinesfalls gezielt auf Albinismus selektiert werden, sondern vielmehr die Verpaarung zweier Träger vermieden werden.

Beim Whippet sind laut FCI-Standard alle Farben und Farbkombinationen zugelassen außer Merle.

DAS ABC DER FARBGENE

In den letzten 20 Jahren konnte eine Vielzahl an Farbgenen molekulargenetisch identifiziert werden, mittlerweile sind für fast alle bekannten Varianten kommerzielle Farbgentests verfügbar. Die Grundfarbe des Hundes wird an drei Genorten festgelegt: A-Lokus, K-Lokus und E-Lokus. Die drei Genorte verhalten sich zueinander wie Farbaufträge auf einer Leinwand. Der A-Lokus stellt den untersten Farbauftrag dar, der K-Lokus den mittleren und der E-Lokus den obersten Farbauftrag.
Außerdem gibt es Genorte mit Varianten, die die Farbqualität von Eumelanin beeinflussen. Dies sind der B-Lokus und der D-Lokus.

RECHT UND KOMMUNIKATION

— *„Handschlag reicht!“ … oder nicht?*

DER KAUFVERTRAG

Von Katrin Heidel, KSH Rechtsanwälte, Düsseldorf

Ein ganzes Kapitel nur um die Frage zu klären: Brauchen Sie als Züchter wirklich einen Kaufvertrag? Nun, noch vor ein paar Jahren waren die Fälle, in denen Züchter und Welpenkäufer sich wegen nachträglich auftretender Probleme mit dem Hund vor Gericht stritten, ziemlich selten. Wenn's Probleme gab, klärte man die offenbar im Gespräch.

Und heute? Nun, in den vergangenen Jahren häufen sich vor den Zivilgerichten die Fälle, in denen die Richter Streitigkeiten aus dem Bereich der Rassehundezucht, insbesondere der sogenannten „Sachmängel-Gewährleistung" entscheiden sollen. Ein Trend, den die Statistik bestätigt: Die Zahl der Rechtsanwälte mit dem Schwerpunkt „Tierrecht" wächst stetig ...
Vor diesem Hintergrund lautet die Antwort auf die Frage „Reicht ein Handschlag?": JAIN!

„JA!", weil es in Deutschland keine Verpflichtung gibt, einen Kaufvertrag schriftlich auszuarbeiten, und ein Handschlag deshalb vollkommen reicht.

„NEIN!", weil es weder sinnvoll, noch empfehlenswert ist, ohne schriftlichen Vertrag zu verkaufen. Es ist einfach nur bequem.

DER MÜNDLICHE VERTRAG

Das größte Problem von lediglich mündlich geschlossenen Verträgen ist, dass man nach einiger Zeit oft gar nicht mehr weiß, was genau vereinbart wurde, bzw. ob überhaupt etwas vereinbart wurde. Vor Gericht aber muss man dem Grundsatz nach die für einen günstigen Vereinbarungen beweisen können.
Beispiel: Sie geben Ihre alte Zuchthündin weg, weil Sie Ihr nicht mehr gerecht werden können und der Meinung sind, dass sie es woanders besser habe. Die neuen Besitzer waren mehrfach da, haben die Hündin gut kennengelernt und bei einem gemütlichen Zusammensein hat man sich lange über die Hündin und Hunde im Allgemeinen gesprochen.
Einige Wochen später flattert Ihnen ein Anwaltsschreiben ins Haus: Bei der Hündin ist ein Nierenleiden festgestellt worden und der neue Besitzer will nun die Kosten erstattet haben. Hier hilft Ihnen ein Gewährleistungsausschluss. Selbst wenn der Käufer beweisen kann, dass das Nierenleiden zum Zeitpunkt der Übergabe des Hundes schon vorgelegen hat, haften Sie aufgrund der vertraglichen Regelung (Gewährleistungsausschluss) nicht.

DER SCHRIFTLICHE VERTRAG

Ein schriftlicher Vertrag beugt vor allem Erinnerungslücken vor und ist zudem ein geeignetes Beweismittel vor Gericht.

Worum wird überhaupt gestritten? Sehr häufig, weil sich der Welpe im Zuge seines Heranwachsens anders entwickelt als ursprünglich erhofft oder geplant. Dabei kann

Alles geklärt? Dann kann sich der neue Besitzer ins Welpen-Abenteuer stürzen.

es um psychische Entwicklungen (der als Wachhund angeschaffte Dobermann-Welpe hat Angst vor dem Briefträger) gehen, aber auch um physische (Schlapp- statt Stehohren, Rutenfehler, Zahnfehler, etc.).

Meist allerdings geht es um das Thema Gesundheit: Der Hund leidet kurz nach der Übergabe an einem Parasitenbefall oder es stellen sich bei späteren klinischen Untersuchungen genetisch bedingte Krankheiten, z. B. HD, ED, OCD, Keilwirbel, Spondylose, Herzfehler etc. heraus. Umstände, die nicht nur den geplanten Einsatz des Welpens z. B. als Zucht- oder Sporthund unmöglichen machen oder den Hund grundsätzlich zu einem Leben mit Schmerzen verurteilen.

Geht's um einen Parasitenbefall, ist das Problem zumindest finanziell fast schon zu vernachlässigen, ein genetischer Defekt jedoch kann für den Züchter teuer werden. Denn regelmäßig wird ihm – leider oftmals rechtmäßig – unterstellt, dass dem Welpen dieser Mangel bei Übergabe bereits anhaftete. Gefordert wird in der Regel eine Minderung des Kaufpreises plus Schadensersatzansprüche. Das können tiermedizinische Behandlungen, operative Eingriffe, Medikamentenzahlungen, Spezialfuttermittel, Physiotherapie, Laserbehandlung etc. sein … – und sehr schnell kommen da einige tausend Euro zusammen.

Welpe zurück, Geld zurück? Das klappt nicht immer …

RÜCKTRITTSRECHT

Zwar haben Sie als Züchter das Recht der sog. „Zweiten Andienung", sprich Sie sind zur Nacherfüllung aufzufordern (vorrangig vor dem Anspruch des Käufers auf Minderung/Rücktritt). Die Nacherfüllung kann in Gestalt der „Nachbesserung" (z.B. die tierärztliche Behandlung) oder aber in der „Ersatzlieferung" (Lieferung eines anderen Hundes) bestehen.
Deshalb sagen jetzt viele: „Dann nehme ich den Hund einfach zurück und der Käufer bekommt sein Geld wieder!" Und jetzt die schlechte Nachricht: Das funktioniert oft nicht, da die Käufer ein sogenanntes „Affektionsinteresse" haben. Das bedeutet, dass der Welpenkäufer dem Züchter nicht die eigentlich vorrangige „Ersatzlieferung" einräumen muss, sondern aufgrund der bereits eingetretenen Bindung zu dem Tier auf die Minderung und ggf. auch auf den Ersatz entstandener Behandlungskosten bestehen darf. Soll man angesichts dieser Rechtslage überhaupt noch züchten? Das ist eine Frage, die sich tatsächlich eine Menge Züchter stellen. Denn Zucht, mit Leidenschaft und Sorgfalt betrieben, ist sicherlich kein Gewinnmaximierungsmodell, und der Welpenpreis angesichts des enormen Zeitaufwandes für die Aufzucht, Prägung und Sozialisation des Welpen wirtschaftlich gesehen eh ein Minusgeschäft. Rechnet man jetzt noch die Kosten für die Aufzucht und Ausbildung der Zuchttiere, den Aufwand für die Zuchtzulassung nach den Vorgaben des betreuenden Rassezuchtvereins, die zahlreichen vorgeschriebenen Gesundheitsuntersuchungen, die Arbeitstitel, Formwertvorgaben etc. hinzu, ist Zucht auf jeden Fall ein Zusatzgeschäft. Gefühlt hat der Züchter alles getan, um möglichst „perfekte" und vor allem gesunde Welpen zu züchten und muss nun womöglich ein Vielfaches des ursprünglichen Kaufpreises erstatten? Ja, da kann man schon Zweifel kriegen, ob man sich das antun möchte ... Die Lösung ist ein schriftlicher und dem Zwinger und das Zuchtverhalten des Züchters individuell zugeschnittener Kaufvertrag.
Denn wie sieht die Praxis aus? Meist werden die bei Übergabe des Welpen getroffenen vertraglichen Vereinbarungen nicht schriftlich festgehalten. Bestenfalls wird ein aus dem Internet „zusammengebastelter" Vertrag ausgearbeitet, in bedenklicher Qualität. Oft nämlich kann der Züchter rechtlich gar nicht einschätzen, was er dort aus dem Internet kopiert hat, und ob es überhaupt zu seinem Schutz dient oder eher dem Schutz des Welpenkäufers.

Warten auf die neuen Besitzer – der Kaufvertrag regelt die reibungslose Übergabe.

DIE ANZAHLUNG

Grundsätzlich gilt, dass, die Einwilligung des Züchters vorausgesetzt, bereits mit der Zusage „Ich möchte diesen Welpen haben"

Züchter wollen ihre Nachzucht in gute Hände abgeben.

ein wirksamer, mündlicher Kaufvertrag zustande kommt. Und dabei spielt es auch keine Rolle, ob eine Anzahlung geleistet wird. Jetzt kann auch der Käufer aus persönlichen Gründen nicht mehr zurücktreten. Das heißt: Grundsätzlich könnte man als Züchter durchaus darauf bestehen, dass der Welpe abgeholt und der Kaufpreis geleistet wird. Aber ehrlich: Welcher Züchter will das schon?

Probleme treten allerdings auf, wenn der Welpenkäufer kurz vor Übergabe „kalte Füße" bekommt und den Welpen nun doch nicht mehr haben möchte. Das ist eine für den Züchter unangenehme Situation. Denn in der Regel hat er anderen Interessenten bereits abgesagt und muss nunmehr ein neues Zuhause für den Welpen suchen. Einigen sich Züchter und Welpeninteressent jetzt darauf, dass der Kaufvertrag rückabgewickelt wird, ist grundsätzlich auch die geleistete Anzahlung zurück zu bezahlen.

Natürlich kann man das auch anders regeln, dann aber sollte spätestens zum Zeitpunkt der Anzahlung auch ein Kaufvertrag geschlossen werden, in dem unter anderem geregelt wird, was mit der Anzahlung passiert, wenn der Interessent aus persönlichen, sprich rechtlich nicht anerkannten Gründen, vom Kauf des Welpen zurücktreten möchte.

MEIN TIPP

Wenn Sie als Züchter mit einer Anzahlung arbeiten, schließen Sie bitte sofort einen schriftlichen Kaufvertrag, der u. a. regelt, was mit dem Geld passiert, auch wenn die Übergabe des Welpen noch in weiter Ferne ist.

Zivilrechtlich ist es durchaus regelbar, dass in diesem Falle die Anzahlung beim Züchter verbleibt – aber bitte nur mit schriftlicher Vereinbarung! Fälle, in denen keine Anzahlung geleistet wurde, landen fast nie vor Gericht, sondern hinterlassen allenfalls großen Unmut beim Züchter, der diesen Umstand letztlich in Kauf nimmt.

WAS SOLL IM KAUFVERTRAG DRINSTEHEN?

Im Regelfall besichtigt der Kaufinteressent den Welpen vorher mindestens ein Mal, kommt am Abgabetag zum Züchter und bringt den vereinbarten Kaufpreis mit bzw. hat ihn bis dahin überwiesen. An diesem Tage sollte dann auch spätestens der Kaufvertrag unterzeichnet werden.
Die Mindestvoraussetzungen eines Kaufvertrages umfassen folgende Bestandteile:

DIE VERTRAGSPARTEIEN

Vor- und Zuname sowie vollständige Adresse des Züchters und des Käufers.
Bereits an dieser Stelle ist auf eine kleine Besonderheit hinzuweisen. Oftmals wird der Züchter stillschweigend annehmen, dass es sich bei der den Vertrag unterzeichnenden Person auch um den Käufer handelt. Dies muss aber nicht zwingend so sein, in etwa wenn der Welpe für einen Dritten, z. B. Familienmitglieder, Freunde etc. angekauft wird. Vertraglich sollte festgehalten werden, dass die unterzeichnende und als Käufer bezeichnete Person den Welpen für eigene Rechnung und nicht für Dritte erwirbt. Mehrfach habe ich erlebt, dass der vermeintliche Welpenkäufer, bzw. die den Welpen abholende Person, sich in einem späteren Verfahren lediglich als ein Vertreter entpuppt.

DER VERKAUFSGEGENSTAND

An dieser Stelle sollte der Welpe bestmöglich beschrieben werden. Dazu gehört nicht nur der vollständige Name, sondern auch der Wurftag, das Geschlecht, Farbe/Abzeichen, Chip- oder Tätowiernummer.

DER KAUFPREIS

Hier sollte nicht nur der Kaufpreis beziffert werden, sondern auch dessen Fälligkeit bzw. ein Hinweis darauf, ob der Kaufpreis bei Übergabe geleistet wurde. Dies kann man auf dem Vertragsdokument quittieren.
Schlussendlich die eigenhändige Unterschrift der Vertragsparteien mit Datum. Das sind die Mindestbestandteile eines Vertrages. Aber reichen sie aus? Nein.
Denn was Sie unbedingt brauchen, ist ein Gewährleistungsausschluss, der sie vor Forderungen schützt, für die Sie eventuell gar nichts können.

DER GEWÄHRLEISTUNGSAUSSCHLUSS

Hier sollte nicht nur der allgemeine Hinweis erfolgen, dass der Welpe unter Ausschluss der Gewährleistung veräußert wird, sondern empfiehlt es sich, insbesondere zu erwähnen, dass keine Gewährleistung für etwaige Erkrankungen, genetischer (z. B. HD, ED, etc.) oder sonstiger Natur sowie für etwaige optische Mängel (z. B. Zahn-, Ruten-, Ohrenfehler) übernommen wird. Ebenfalls sollte erwähnt werden, dass keine Zusage auf eine spätere Zuchttauglichkeit und/oder mentale oder körperliche Eigenschaften des Welpen abgegeben wird.

Ein paar Worte zum Gewährleistungsausschluss. Es ist wichtig einen zu haben. Ob und wie wirksam er ist, entscheidet im Fall eines Gerichtsprozesses allerdings der Richter – und zwar auf Grundlage der Frage, ob

Vertragsgegenstand ist der Welpe mit genauer Beschreibung.

Sie ein gewerbsmäßiger/gewerblicher Züchter („Unternehmer") oder ein sogenannter Hobbyzüchter („Verbraucher") sind .
Wenn Sie jetzt allerdings eine konkrete Definition erwarten, wann von der gewerblichen Unternehmertätigkeit eines Züchters i.S.d § 14 BGB auszugehen ist, den muss ich enttäuschen. Eine solche klare Definition gibt es in der Rechtsprechung vor den Zivilgerichten leider nicht und es ist stets einzelfallbezogen bzw. liegt es im Ermessen des jeweiligen Richters, wann ein Züchter als Unternehmer einzustufen ist. Aus meiner Erfahrung heraus kann ich unjuristisch zusammenfassen, dass das planmäßige und dauerhafte Züchten eine Rolle spielt, die Anzahl der Würfe, die Anzahl der Hunde, mit denen gezüchtet wird und inwiefern ich am Markt gewerbsmäßig auftrete. Mitunter wird eine planmäßige und gewerbsmäßige Zucht bereits angenommen, wenn ich über eine „professionelle" Homepage verfüge, in der ich zu verpaarende Zuchttiere und deren Nachzucht anpreise und regelmäßige Nachzucht zum Kauf anbiete. Als ausreichend wurde dabei schon erachtet, wenn ich ggf. nur alle zwei Jahre einen Wurf mit jeweils einer Hündin, aber das bereits seit dem 20-jährigen Bestehen der Zuchtstätte anbiete. Inseriere ich dann noch zusätzlich auf

Ebay-Kleinanzeigen, kann auch das für meine „Unternehmereigenschaft“ stehen.
Um es gefühlt in meinen Worten auszudrücken: Das Risiko, vor einem Zivilgericht als „Unternehmer“ eingestuft zu werden, passiert zunehmend schneller und die Rechtsprechung scheint sich in dieser Hinsicht immer mehr dem Käufer als „Verbraucher“ zuzuwenden.

Als kleinen Trost für den Züchter, der tatsächlich als „Unternehmer“ einzustufen ist, besteht allerdings in dem Umstand, dass über die Minderung oder den Rücktritt hinausgehende Schadensersatzansprüche ein „Vertreten-Müssen“ (Verschulden) des Züchters verlangen. Ein Verschulden kann z. B. dann angenommen werden, wenn die Züchter nicht die nötige Sorgfalt bei der Zucht haben walten lassen, zum Beispiel zwei Hunde verpaaren, die unter HD leiden. Sofern der Züchter allerdings unter einem VDH angehörigen Rassezuchtverein züchtet und die dortigen Regularien zur Zucht einhält, dürfte ein Verschulden nur schwer darzulegen sein. Insofern habe ich noch kein

MEIN TIPP

Ich rate jedem Züchter, einen Gewährleistungsausschluss in seine Verträge aufzunehmen und es im Zweifel dem Gericht zu überlassen, ob ein solcher wirksam mit dem Welpenkäufer vereinbart werden konnte oder dies dem Züchter, in etwa aufgrund seiner Einordnung als Unternehmer, verwehrt war.

01

02

Verfahren erlebt, in dem ein Gericht die vom VDH bzw. dem zugehörigen Rassezuchtverein aufgestellten Zuchtvoraussetzungen in Frage gestellt hat und dem Züchter bei Einhaltung dieser Voraussetzungen ein Verschulden unterstellt hat.

Unabhängig ob Sie als „Unternehmer" oder „Verbraucher" einzustufen sind, hat es sich ferner bewährt, eine Erklärung zur Aufzucht, zu Mängeln, Feststellungen durch einen Zuchtwart etc. und zum Impf,- und Gesundheitsstatus in den Kaufvertrag mit aufzunehmen. Vorsicht ist jedoch bei jeder Form von Zusicherungen geboten (es sei denn, Sie verfügen über ein Orakel). Bitte verzichten Sie auf Ausführungen wie „Der Welpe wird als Wachhund oder als Zuchttier" verkauft.

01 *Zwei fast identische Geschwister können sich trotzdem unterschiedlich entwickeln.*

02 *Ein ausgeglichener Wurf, bei dem einer wie der andere aussieht.*

ERKLÄRUNG DES ZÜCHTERS

Hier sollte dokumentiert werden, dass der Welpe sorgfältig und fachgerecht aufgezogen, sozialisiert und seinen Bedürfnissen entsprechend gehalten und in seiner Entwicklung gefördert wurde. Ferner sollte angeführt werden, wenn dem so ist, dass dem Züchter offensichtliche oder verborgene Mängel oder Krankheiten nicht bekannt sind und an dem Welpen keine operativen

Eingriffe vorgenommen wurden. Eine Dokumentation, wann die empfohlenen Schutzimpfungen sowie regelmäßige Wurmkuren durchgeführt wurde, ist ebenso sinnvoll. Auch Ergebnisse einer tierärztlichen Untersuchung sind sachdienlich, wenn sie im zeitlichen Zusammenhang mit dem Übergabedatum stehen.
Insbesondere Züchter, die ggf. dem „Unternehmerbegriff" zuzuordnen sind, sollten z. B. Wurmkuren und/oder tierärztliche Untersuchungen im Kaufvertrag ausweisen.

Wie bereits ausgeführt, kann sich ein „Unternehmer" im Rahmen eines Verbrauchsgüterkaufs (und nichts anderes sind Hunde in der Rechtssprache) nicht auf den Ausschluss der Gewährleistung berufen. Allerdings haftet der Unternehmer auch nur für solche Mängel, die zum Zeitpunkt der Übergabe des Welpen (juristisch „Gefahrenübergang" genannt) bereits vorlagen. Allerdings unterstellt das Gesetz im Rahmen einer sog. „Beweislastumkehr", dass wenn ein Mangel binnen der ersten sechs Monate nach Übergabe auftritt, dieser bereits zum Zeitpunkt der Übergabe vorlag. Dies hat zur Folge, dass nicht etwa der Käufer beweisen muss, dass der Mangel zum Zeitpunkt der Übergabe vorlag, sondern der Züchter muss beweisen, dass der Mangel nicht vorlag. Befunde tierärztlicher Untersuchungen oder durchgeführte Wurmkuren können für diesen Fall also nützlich sein.

Zwingend sollte jeder Züchter ihm bekannte Mängel an dem Tier in den Kaufvertrag aufnehmen.
Sind etwaige Mängel im Kaufvertrag aufgeführt, kann ein Käufer sich später nicht darauf berufen, dass ihm diese unbekannt gewesen wären.

MÄNGEL

An dieser Stelle sind Rasse- und/oder geschlechtsspezifische Fehler des Tieres anzuführen, die zum Zeitpunkt der Übergabe bekannt bzw. erkennbar sind. Gängigste Mängel dürften an dieser Stelle wohl Hoden- oder Rutenfehler sowie Fehlstellungen beim Milchgebiss sein.

Sind Mängel nicht ersichtlich, sollte im Kaufvertrag zudem positiv vermerkt werden, dass z. B. das Milchgebiss zum Zeitpunkt der Übergabe ohne Befund ist und bei einem Rüdenwelpen beide Hoden vorhanden sind.
Werden vorstehende Tipps beherzigt, ist ein Züchter schon relativ gut abgesichert. Selbstverständlich sind noch weitergehende Regelungen in einem Kaufvertrag denkbar. Oftmals wünschen sich Züchter Regelungen zu einem späteren Vorkaufsrecht, falls der Welpe einmal abgegeben werden sollte. Grundsätzlich kann so etwas vereinbart werden, problematisch kann es allerdings werden, wenn sich der Käufer daran nicht hält.

VORKAUFSRECHT

Hier sollte nicht nur geregelt werden, dass ein Vorkaufsrecht des Züchters besteht, sondern sollte konkret aufgeführt sein, wie sich Züchter und Käufer in diesem Falle zu verhalten haben.
In etwa, dass der Käufer dem Züchter den Fall des Vorkaufsrechts schriftlich anzuzeigen hat und der Züchter sich binnen einer bestimmten Frist dazu erklären muss. Zur Absicherung des Züchters und für den Fall, dass sich der Käufer an diese Vereinbarung nicht hält, kann es sinnvoll sein, eine Vertragsstrafe für den Fall der Zuwiderhandlung in den Kaufvertrag mit aufzunehmen.

01

02

03

Gerne veröffentlicht der stolze Züchter Fotos des neuen Eigentümers mit seinem Welpen im Internet. Solche Fotos, sei es in den sozialen Medien oder auf der zwingereigenen Homepage, sollten nur mit vorheriger Vereinbarung erfolgen, da anderenfalls das Persönlichkeitsrecht der abgebildeten Person verletzt werden könnte.

BILDMATERIAL

Hier sollte konkret vereinbart werden, wo genau, z. B. Benennung der Homepage einschließlich URL, welches Foto veröffentlicht wird. Soll der Welpenkäufer zudem namentlich benannt werden, ist auch dies ausdrücklich in den Vertrag aufzunehmen.

01 Von der Geburt in der Wurfkiste ...

02 ... über die turbulente Zeit der ersten Lebenswochen ...

03 ... bis zum Junghund: Hundezucht ist immer ein Abenteuer.

Fotografieren Sie so oft wie möglich.

DIE KOMMUNIKATION

„Nur was ankommt, ist kommuniziert" – und tatsächlich ist Zucht nichts für Menschen, die nur ungern mit anderen Menschen zu tun haben. Denn ist der Wurf geplant, vergeht kaum ein Tag ohne längere Telefonate mit Welpeninteressenten, der Auswahl und dem Vorstellen der Familien, dem Bau einer Website …

EIN PAAR TIPPS

NEHMEN SIE SICH ZEIT FÜR DIE BESITZERSUCHE!

Eine Last, die viele Züchter drückt, ist die Verantwortung für das durch das eigene Handeln geschaffene Leben. Niemandem, der das Herz am rechten Fleck hat, ist es egal, wohin seine Welpen gehen und was aus ihnen wird. Und das beinahe Schlimmste, was man als Züchter erleben kann, ist das Gefühl, den Hund in falsche Hände gegeben zu haben. Deshalb: Fangen Sie mit der Besitzersuche früh an, am besten direkt nach der Wurfplanung. Denn es gilt: Einen Hund an irgendjemanden zu verkaufen, ist leicht. Den richtigen Besitzer zu finden, nicht einfach.
Eine Menge Interessenten werden über die Wurfankündigungen auf der Internetseite Ihres Zuchtvereins kommen. Aber: Viele von denen werden vor ihrem Anruf oder ih-

rer Mail auch versucht haben, sich ein Bild Ihres Zwingers auf Ihrer Homepage zu machen. Daher ...

BAUEN SIE SICH EINE INTERNETSEITE

Eine eigene Zwinger-Homepage gehört heute tatsächlich zum Standard einer seriösen Zucht. Sie muss nicht aufwändig sein, dafür aber aussagekräftig. Ein klares Zuchtziel, Ihr eigener Anspruch, etwas über die Strukturen, in denen Sie züchten (Verband, Verein ...), ein Portrait Ihrer Person, qualitativ gute Bilder. In Floskeln schreiben kommt bei anspruchsvollen Welpeninteressenten – und genau die wollen Sie! – in der Regel genauso schlecht an wie ein aus Wikipedia kopiertes Rasseportrait. Denn wer sich schon bei seiner Selbstdarstellung keine Mühe gibt, wie soll man von dem erwarten, dass er bei der Aufzucht der Welpen mehr als das absolut Notwendigste tut?

LADEN SIE DIE BEWERBER ZU SICH EIN

Dass sich im Umfeld seriöser Zucht zahlreiche Tierhändler tummeln, hat sich mittlerweile bei fast allen Welpenkäufern herumgesprochen. Entsprechend legen sie Wert darauf, bei „ihrem" Züchter auch mal vorbei zu kommen. So, wie Sie die Leute, zu denen Ihre Welpen gehen, ja auch kennenlernen möchten. Motto des Tages: „Die gucken, Sie gucken!" Dieses Treffen ist wichtig, weil man einander anschauen, miteinander sprechen und abchecken kann, ob der Bewerber Ihre Kriterien an einen Welpenbesitzer erfüllt.

NUTZEN SIE INSTANT MESSAGING-DIENSTE WIE WHATSAPP

Schön ist es, wenn Züchter ihre Welpeninteressenten von Anfang an mit ins Boot holen und die Käufer sehen, wie die Welpen großgezogen werden. Instant Messaging-Dienste wie Whatsapp sind dafür ideal. Texte, Fotos und Videos aus der Welpenstube können unkompliziert an die Gruppe geschickt und kommentiert werden. Das stärkt die emotionale Bindung der Käufer an ihre künftigen Hunde und gibt dem Züchter die Möglichkeit, die Käufer besser kennenzulernen. Außerdem – und das ist nicht unwichtig – dokumentiert er durch seine täglichen Beiträge die Aufzucht der Welpen. Im Streitfall vor Gericht ein notwendiger Beweis.

Der Welpenkäufer freut sich an Fotos vom zukünftigen eigenen Hund.

SERVICE

— *Empfehlungen und Adressen*

ZUM WEITERLESEN

Dr. Anna Laukner, Dr. Christoph Beitzinger, Dr. Petra Kühnlein: **Die Genetik der Fellfarben beim Hund.** Kynos Verlag 2021

Prof. Axel Wehrend (Hrsg.): **Neonatologie beim Hund.** Von der Geburt bis zum Absetzen. Schlütersche Verlagsgesellschaft 2012

Marthina L. Greer: **Canine Reproduction and Neonatology.** A Practical Guide for Veterinarians, Veterinary Staff and Breeders. Teton New Media 2014

Deborah Greco; Autumn P. Davidson: **Small Animal Endocrinology and Reproduction.** Blackwell's Five-Minute Veterinary Consult
Wiley Blackwell 2017

Prof. Axel Wehrend (Hrsg.): **Leitsymptome Gynäkologie und Geburtshilfe beim Hund.** Diagnostischer Leitfaden und Therapie. Enke Verlag 2013

Dr. Hans-Klaus Dreier: **Klinik der Reproduktionsmedizin des Hundes.** Schlütersche Verlagsanstalt 2009

Prof. Anne-Rose Günzel-Apel, Prof Hartwig Bostedt: **Reproduktionsmedizin und Neonatologie von Hund und Katze.** Schattauer Verlag 2016

NÜTZLICHE ADRESSEN – WENN'S BRENNT

AGRH (Arbeitsgruppe Reproduktionsmedizin in der Hundezucht)
agrh.de
Zusammenschluss von Tierärzten, die sich speziell mit Reproduktionsmedizin befassen. Auf der Website gibt es viele Informationen rund um die Reproduktionsmedizin. Unter dem Menüpunkt AGRH Vets finden Sie eine nach Postleitzahlen sortierte Liste mit Tierärzten als Ansprechpartner für Fragen rund um die Hundezucht. Einer davon ist sicherlich nicht allzu weit von Ihnen entfernt tätig.

VETERINÄR UNI KLINKEN IN DEUTSCHLAND

Stiftung Tierärztliche Hochschule Hannover
Reproduktionsmedizinische Einheit der Kliniken
Bünteweg 15, Gebäude 241
30559 Hannover
Geschäftszimmer:
Tel.: +49 (0) 511 / 9 53-85 20
Anmeldung Kleintiere:
Tel.: +49 (0) 511 / 9 53-85 08
Klinik für Kleintiere
24stündiger Notdienst
Tel.: +49 (0) 511 / 9 53-62 00

Freie Universität Berlin
Klein- und Heimtierklinik
Oertzenweg 19b
Gebäude Haus 1
14163 Berlin
Tel.: +49 (0) 30 / 838-6 23 56; -6 24 22
Notdienst in der Zeit von Montag bis Freitag von 08:00–20:00 Uhr und Samstag sowie an Sonn- und Feiertagen von 12:00–17:00 Uhr für lebensbedrohlich erkrankte Tiere.
Für die Terminvergabe der reproduktionsmedizinischen Kleintiersprechstunde Montag bis Freitag (ausgenommen Feiertage) von 09:00–15:00 Uhr unter der:
+49 (0) 151 / 44 27 74 28

Universität Leipzig
Veterinärmedizinische Fakultät
Klinik für Kleintiere
An den Tierkliniken 23
04103 Leipzig
Tel.: +49 (0) 341 / 97 38-711 (Anmeldung, Poliklinik, Terminvereinbarung)

Notaufnahme bis auf Weiteres:
Montag bis Freitag von 7:30–15:00 Uhr
Außerhalb dieser Zeiten auch keine telefonische Erreichbarkeit.

Justus-Liebig-Universität Gießen
Tierklinik für Reproduktionsmedizin und Neugeborenenkunde
Frankfurter Straße 106
35392 Gießen
Terminsprechstunde
Alle Abteilungen: Montag bis Freitag von 8:00–16:30 Uhr
Tel.: +49 (0) 641 / 9 93 87 01 *(Sekretariat)*
Die Aufnahme von Notfallpatienten ist täglich von 0:00 bis 24:00 Uhr möglich. Notfall bitte telefonisch anmelden! Notdienstrufnummer außerhalb der Terminsprechstunde: +49 (0) 641 / 9 93 87 10

Ludwigs-Maximilian-Universität München
Chirurgische und Gynäkologische Kleintierklinik der LMU
Veterinärstraße 13
80539 München
Tel.: +49 (0) 89 / 21 80 26 34
24 Stunden Notdienst

EIN WORT ZUM NOTDIENST

Früher war es selbstverständlich, dass der Tierarzt immer und überall erreichbar war. Ich selbst habe Kinder getauft und nebenher Hunde genäht. Das war einfach so und keinem ist in den Sinn gekommen, dass es auch anders gehen kann.
Diese Einsatzbereitschaft hat sich grundlegend geändert. Dafür gibt es sehr viele verschiedene Gründe und es liegt beileibe nicht daran, dass die jüngere Tierarztgeneration nicht mehr arbeiten will. Es würde zu weit gehen, dieses Thema hier ausführlich zu besprechen. Fakt ist, es gibt in zwei von insgesamt fünf deutschen Veterinär-Universitätskliniken keinen 24-Stunden-Notdienst mehr und das ist wirklich besorgniserregend. Das ist aber nicht nur in den Uni-Kliniken so, die meisten Tierkliniken geben ihren Klinikstatus zurück. Was heißt das? Als Tierklinik besteht die Verpflichtung, 24/7 erreichbar und einsatzbereit zu sein, 365 Tage im Jahr. Das funktioniert heute nicht mehr und deswegen werden diejenigen, die Tag und Nacht zu erreichen sind, immer weniger. Das heißt aber im Umkehrschluss, dass es im Notfall wirklich schwierig sein kann, jemanden zu finden, der samstagnachts um 23:00 Uhr eine Geburt betreut oder gar einen Kaiserschnitt macht oder machen kann.
Auch wenn Sie bereits seit 10 Jahren gezüchtet haben und sich dieses Buch nur interessehalber gekauft haben, irgendwann kommt der Supergau (wenn er nie kommt, umso besser) und Sie brauchen nachts einen Tierarzt. Im Notfall ist es immer gut einen Ansprechpartner zu haben, deswegen informieren Sie sich, an wen Sie sich im Notfall wenden können, auch wenn Sie diesen Kontakt vielleicht nie brauchen werden.
Aber es gibt auch gute Nachrichten. Wie in der Humanmedizin auch erobert sich die Telemedizin einen Platz in Tierarztpraxen.

Für viele Fragestellungen reicht oft ein Videogespräch mit dem Tierarzt aus. Dieser Service wird bereits von vielen Tierarztpraxen angeboten und erfreut sich zunehmender Beliebtheit, ABER Medikamente oder eine Therapie darf der Tierarzt erst nach persönlicher klinischer Untersuchung des Tieres abgeben oder veranlassen, eine Behandlung ist also mittels Telemedizin nicht möglich.

FORTBILDUNG FÜR ZÜCHTER

Das Angebot an Fortbildungen ist heute sehr groß und man kann sich aus vielen, zumeist Online-Fortbildungen die Themen aussuchen, die einem unter den Nägeln brennen. Natürlich ist der eigene Zuchtverein für die jeweilige Rasse der erste Ansprechpartner. Die meisten Zuchtvereine bieten Fortbildungen für ihre Züchter an, sei es, was den Rassestandard, die Arbeitsprüfungen, die Vereinsregeln aber auch was tiermedizinische Fragestellungen angeht. Darüber hinaus gibt es aber auch viele Angebote von Firmen und Fortbildungsplattformen.

Manche Tierarztpraxen bieten Fortbildungskurse für ihre Kunden an, z. B. Erste Hilfe für den Hund oder Spezialthemen wie Fütterung, Reisekrankheiten oder eben auch alles rund um die Geburt. Diese Angebote finden sie auf den Websites der jeweiligen Tierarztpraxis.

Leider sind aber auch unseriöse Schwurbler und Glaskugeldeuter in diesem Segment unterwegs. Sie bieten Tantra-Kurse für Hunde und Katzen und das Auspendeln der Geburt an; bei allem Respekt, das funktioniert nicht und ist unseriös, deshalb seien Sie kritisch und hinterfragen Sie die Angebote.

Ein Tipp: Die meisten Zuchtvereine verlangen, dass die Züchter sich regelmäßig fortbilden. Wie oft sich wer, wann, wo fortbilden soll, wird sehr unterschiedlich geregelt. Deshalb sollten Sie, bevor Sie in ein Seminar investieren, vorher abklären, ob das von Ihrem Verein als Fortbildung anerkannt wird.

Nachfolgend einige Adressen für Züchterfortbildungen. Die Auswahl ist nicht komplett und umfassend, mehr und andere Angebote finden Sie problemlos bei Google und Co.

akademie.vet
Online-Plattform, Weiterbildung für Tierärzte, Landwirte, Züchter , TFA's und andere. Viele kostenlose Angebote:
www.akademie.vet

Laboklin
Ansprechpartner: Jana Rösner, Team Labogen
https://zuechtertag.laboklin.com/ oder
https://app.seminarmanagercloud.de/laboklin-gmbh-cokg/buchungsportal
Tel.: +49 (0) 971 / 7 20 25 05
E-Mail: labogen@laboklin.com

VDH Fortbildungsakademie
Die Ausbildungsangebote des VDH richten sich an alle interessierten Hundehalter. Fortbildungen zu verschiedenen Themen rund um den Hund und den VDH.
www.vdh.de/ratgeber/aus-fortbildung/

Vetline Akademie
Ursprünglich ein Online-Fortbildungsformat für Tierärzte, das um ein Format für Hunde- und Katzenzüchter erweitert wurde.
www.2.vetline-akademie.de

GENTESTS

Viele Zuchtverbände schreiben Gentests vor dem Zuchteinsatz vor. Führend auf dem Gebiet der Genetik ist das Labor Laboklin (Labogen) in Bad Kissingen. Dieses Labor bietet auch sehr informative Fortbildungsveranstaltungen für Hundezüchter an.
Da Gentests eine relativ einfache, zuverlässige Methode sind, um den Trägern von Erbkrankheiten auf die Spur zu kommen, ist das Angebot verwirrend. Laboklin, in diesem Fall Labogen, bietet eine hervorragende Fachberatung an, um sich zu informieren, welche Tests für die spezielle Rasse sinnvoll sind. Für manche Rassen werden „Testpakete" angeboten.

Laboklin als Gentestanbieter:

Ansprechpartner:
Abteilungsleitung Labogen, Dr. Petra Kühnlein, Dr. Ines Langbein-Detsch, Team von Labogen
www.labogen.com
Tel.: +49 (0) 971 / 7 20 25 05
E-Mail: labogen@laboklin.com

REGISTER

BILDNACHWEIS

Mit Fotos von AdobeStock (S. 14, 17, 18, 46/47), Philip Alsen (S. 3 re., 54/55, 57 re. oben u. unten, 59, 61, 63, 67, 101, 108, 109, 115, 116), Anna Auerbach (S. 2,3, 5, 6, 7, 8/9, 10, 11, 12, 13, 15, 20/21, 23, 25, 27, 32, 37, 39, 41, 43, 45 unten, 48, 49, 50, 51, 53 unten, 62, 65, 68, 69, 71, 72, 74, 75, 78, 79, 80, 84, 89, 91, 93, 97, 98, 99, 100, 103, 104/105, 107, 111, 112, 118/119, 123), Felix Baunach (S. 34, 128), Dr. Natalie Dillitzer (S. 33), Marina Hofmann (S. 57 li., 113, 117), Dr. Anna Laukner (S. 87), Dr. Anne Posthoff (S. 24, 28, 29, 33, 37 oben, 45 oben, 76, 77, 83, 94, 95, 96, 122), Trio Bildarchiv (S. 53 oben) und Danny de Waard (S. 86).

Die Zeichnung erstellte Wolfgang Lang (S. 92).

IMPRESSUM

Umschlag- und Klappengestaltung von Claudia Adam Graphic Design, Bad Kreuznach, unter Verwendung von Farbfotos von Anna Auerbach.

Mit 103 Farbfotos und 1 Zeichnung

Alle Angaben in diesem Buch erfolgen nach bestem Wissen und Gewissen. Sorgfalt bei der Umsetzung ist indes dennoch geboten. Der Verlag und der Autor übernehmen keinerlei Haftung für Personen, Sach- und Vermögensschäden, die aus der Anwendung der vorgestellten Materialien, Methoden oder Informationen entstehen könnten.
Hinweis: Die genannten Medikamente sind beispielhaft genannte Produkte. Andere Produkte mit gleicher oder ähnlicher Zusammensetzung werden voraussichtlich ähnlich wirken – vorausgesetzt, es sind dieselben Bedingungen bei der Anwendung. Die aktuelle gesetzliche Zulassungssituation für Tiermedikamente sind unbedingt zu überprüfen und zu beachten. Dies liegt alleinig in der Verantwortung des Anwenders.

Gedruckt auf chlorfrei gebleichtem Papier

ISBN 978-3-440-17496-8
Redaktion: Katja Pauls
Gestaltungskonzept: Peter Schmidt Group GmbH, Hamburg
Gestaltung und Satz: Katrin Kleinschrot, Stuttgart
Produktion: Angela List
Druck und Bindung: Westermann Druck Zwickau GmbH, Zwickau
Printed in Germany / Imprimé en Allemagne

FSC
www.fsc.org
MIX
Papier | Fördert gute Waldnutzung
FSC® C110508

© Reddogs / Adobe Stock